AK Trivia Book No. 18

図解 古代兵器

도해
고대병기

미즈노 히로키 저

KB073343

AK TRIVIA BOOK

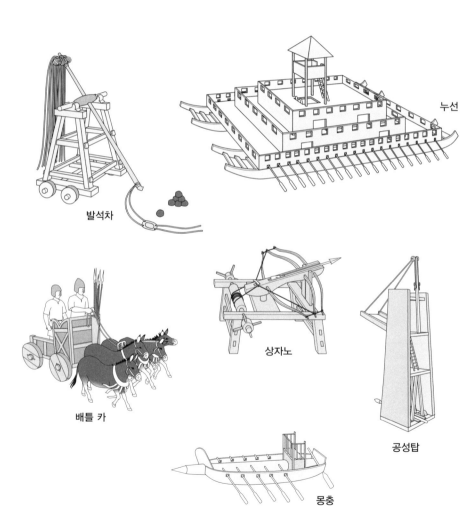

누선

발석차

배틀카

상자노

공성탑

몽충

인류는 원시시대부터 자연계에 있는 돌이나 뼈, 나무와 같은 모든 것을 가공해서 여러 가지 도구를 만들어냈습니다. 이러한 도구는, 수렵이나 어로(漁撈)와 같이 먹고 살기 위해 사용되었습니다.

그리고 먹을 것이 없어지면 다른 토지로 옮겨 다니는 생활을 영위하다가, 이후에 농업이나 목축과 같은 생활 습관을 익히게 되자 한군데에 정착하게 되었습니다. 마을이나 도시가 늘어나고 인구도 증가함에 따라, 인류는 집단끼리 싸우게 되고 결국에 전쟁이 일어나게 되었습니다.

중국 춘추시대의 사료로서 잘 알려진 『춘추좌씨전』에는 「나라의 대사는 제사와 군사다」라는 말이 있습니다. 이것은 고대 세계에 있어서 동서양을 가리지 않는 공통된 진리입니다. 국가 간의 전쟁에서 승리를 할 수 있는 군사력이 필요했으며, 군사력이 약한 국가는 전부 쇠퇴했습니다.

그리고 군사력을 높이기 위한 필요에 의해 개발된 것이 다양한 고대병기였습니다.

먼 거리에 있는 적을 제압하기 위해 발명된 투석기나 쇠뇌와 같은 투척병기, 성에서 농성을 벌이는 적을 제압하기 위한 갖가지 공성병기, 야전을 유리하게 이끌기 위한 각국의 전차, 그리고 해상에서의 전투를 위한 갤리선이나 코르부스와 같은 해상병기……등, 인류는 모든 지혜를 짜내어 수많은 병기를 개발했습니다.

이 책에서는 슬링과 같은 소형병기부터 캐터펄트나 발리스타와 같은 대형병기 이외에도, 장애물로 설치했던 병기나 동물과 자연물을 이용한 병기까지 여러 가지 고대병기를 다뤘습니다. 또한 제4장에서는 고대병기에 관한 잡학과 함께 일본의 고대병기와 전설의 병기도 몇 가지 소개했습니다. 그리고 이러한 병기들이 어떤 역사적 배경을 바탕으로 만들어져서 어떤 방식으로 사용되었는가를 해설했습니다. 오른쪽 페이지의 일러스트를 사용한 도해도 참고하면서 즐겁게 읽어주시기 바랍니다.

미즈노 히로키

차례

제4장 잡학　181

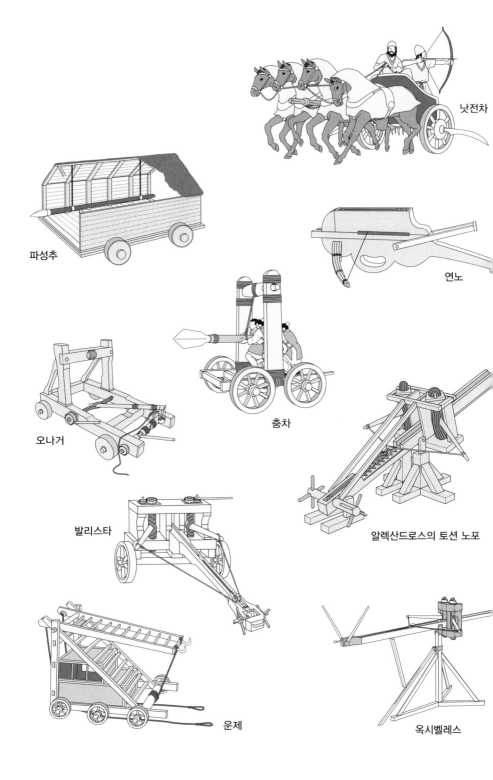

낫전차

파성추

연노

충차

오나거

알렉산드로스의 토션 노포

발리스타

운제

옥시벨레스

제1장
고대병기란?

병기는 왜 탄생했는가

농경사회로 넘어가면서 도시가 발전함에 따라, 인류에게는 토지의 쟁탈이라는 전쟁의 불씨가 생겨나게 되었다. 이러한 인류의 분쟁이 확대되면서, 결국에는 병기가 탄생하게 되었다.

● 인류의 분쟁이 병기를 낳았다

인류가 탄생하고 수렵으로 생활을 이어갔을 때는, 야생 동물을 사냥하기 위해서 **창이나 칼과 같은 들고 다닐 수 있는 단순한 무기를 발명**했다. 인류는 이러한 무기를 사용해서 조직적으로 대형 짐승을 사냥하는 방법을 고안해냈다.

그 후 농경사회로 넘어가면서 안정적인 식량 확보가 가능하게 되었고, 이에 따라 인구가 급격히 증가했다. 사람들이 정착하면서 살게 되자 마을이 생기고 도시가 생기더니 국가로 발전하게 되었다. 그리고 토지의 쟁탈과 같은 대규모 분쟁이 증가했다.

이러한 인류의 분쟁이 병기의 탄생으로 이어졌다. 프랑스에서는, 기원전 약 12,000년경(구석기시대 후기)의 유적에서 투창기가 발견되었다. 이 도구는 끝부분이 갈고리 모양으로 된 봉으로, 갈고리에 창을 걸어서 먼 곳까지 던지기 위한 병기이다. 투창기는 이후 동남아시아에서 북미 대륙 그리고 오스트레일리아 대륙까지 전파되었으며, 이러한 사실을 놓고 보면 투창기가 인류에게 있어서 획기적인 병기였다는 것을 알 수 있다.

그리고 **중석기시대가 되자 「활」이라는, 혁명이라 부를 수 있는 병기**가 나오게 된다.

일반적으로 병기는 전쟁에서 사용되는 장치나 설비를 가리키며, 무기는 개인이 가지고 다니면서 수렵이나 개인간의 싸움에서 사용하는 도구나 기구를 가리킨다. 대표적인 병기로는 전차나 투석기를 들 수 있으며, 대표적인 무기로는 검이나 도끼를 들 수 있다.

병기가 생겨난 것으로 인류의 전투능력은 비약적으로 향상되어 국가간의 전쟁도 격렬해졌다. 그리고 전쟁에서 이기기 위해, 인류는 병기를 개량하고 개발하는데 온 힘을 쏟게 되었다. 만약 인류가 전쟁을 시작하지 않았다면 병기는 생겨나지 않았을지도 모른다.

병기탄생의 흐름

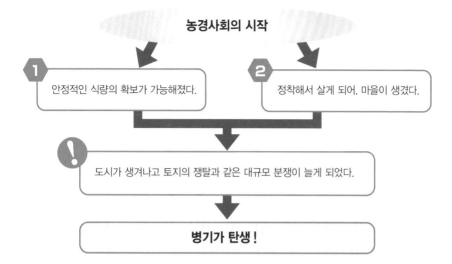

무기와 병기의 차이

무기와 병기의 차이는 사용목적에 있으며, 같은 검이라 하더라도 개인간의 싸움에서는 무기이고 전쟁에서 사용된다면 병기라고 할 수 있다.

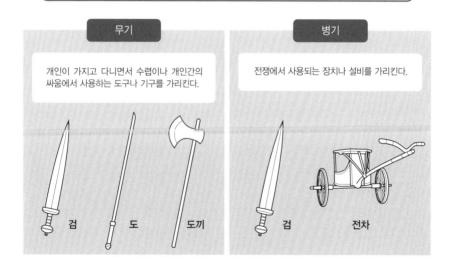

관련항목

● 중석기시대의 병기혁명이란→ No.002
● 병기에 혁명을 불러일으킨 아시리아→ No.006

중석기시대의 병기혁명이란

인류 역사에는 「병기혁명」이라 불리는 전환기가 다섯 번 있었다. 그중에 첫 번째 전환기가 중석기시대에 찾아온다. 바로 활과 투석기라는 병기의 발명인 것이다.

● 역사상 다섯 번 있었던 「병기혁명」

인류의 역사에서 병기혁명이라 할 수 있는 전환기가 다섯 번 있었다. 20세기의 **원자폭탄의 발명**과 **군용비행기의 실용화**, 11세기의 화약의 발명(시기에 있어서는 여러 설이 있다), 기원전 3000년대부터 기원전 2000년대에 걸친 시기에 일어난 **바퀴와 전차의 발명**이 바로 병기혁명이다. 그리고 최초의 병기혁명이 중석기시대에 일어난 **활과 투석기의 발명**이다.

활이 언제 어디서 발명되었는지는 알 수 없다. 그러나 프랑스나 스페인에 있는 구석기시대 유적의 벽화에 활이 그려져 있지 않은 것으로 봐서는, 기원전 12000년 전에서 기원전 8000년경의 중석기시대에는 없었다고 추측할 수 있다.

인류는 이 당시까지 식물의 탄력을 이용한 덫을 발명했었다. 그리고 덫의 탄력을 이용해서 활을 발명했으며, 화살촉에는 돌을 사용했었다. 활의 발명은 전투의 양상을 완전히 바꿔놓았다. 사격능력이 비약적으로 향상됨에 따라 상대방이 볼 수 없는 곳에서 공격을 할 수 있게 되었기 때문이다. 또한 집단으로 사격이 가능해졌으므로 치명적인 타격을 줄 수 있게 되었고, 이에 따라 지휘와 조직이 생겨남으로써 군대의 발생으로 이어지게 되었다.

활의 기원은 아마도 수렵용이었겠지만, 같은 시기에 발명된 투석기는 전쟁을 목적으로 발명되었다.

상세한 이야기는 다음 장에 다루겠지만, 중석기시대에 만들어진 투석기는 대형 공성병기가 아닌 개인이 가지고 다닐 수 있을 정도의 크기로, 단순히 돌을 멀리까지 날리기 위한 **끈 모양의 병기**였다.

이러한 활과 투석기의 발명은 인류가 조직적이고 전술적인 전쟁을 가능하게 만들었다. 그리고 오늘날에 이르기까지 인류는 때와 장소를 가리지 않고 전쟁으로 역사를 써오고 있다.

다섯 번의 병기혁명

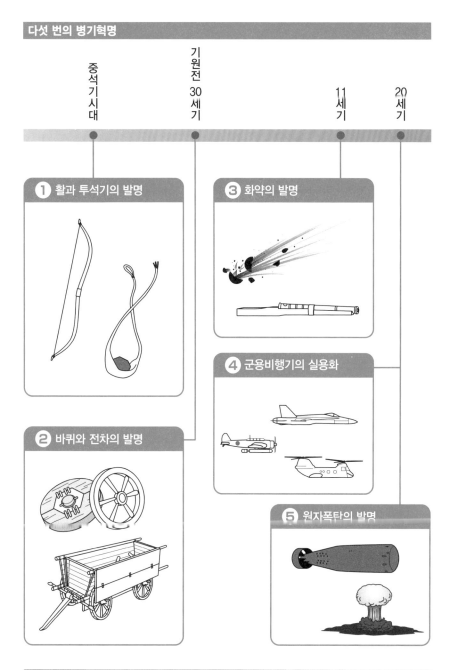

중석기시대   기원전 30세기   11세기   20세기

① 활과 투석기의 발명

② 바퀴와 전차의 발명

③ 화약의 발명

④ 군용비행기의 실용화

⑤ 원자폭탄의 발명

관련항목
- 원시적 투석기의 등장→ No.003
- 전차의 기원 배틀 카→ No.005
- 인류가 최초로 발명한 병기 · 슬링→ No.012

11

원시적 투석기의 등장

1만년도 더 전에 발명된 원시적인 병기가 바로 투석기다. 초기의 투석기는 끈 형태로 그 끈을 크게 돌리면서 생기는 원심력을 이용해서 탄환을 발사했다.

● 기원전 1만년 전부터 사용된 투석기

기원전 1만년경의 **중석기시대 즈음에 투석기가 발명**되어 단번에 각지로 보급되었다. 당시의 투석기는 한 가닥 줄 끝에 고리를 만들고 이 고리에 손가락을 넣어서 고정했다. 중앙 부분에는 돌을 넣는 작은 주머니를 만들었으며, 머리 위에서 크게 돌릴 때 발생하는 원심력을 이용해서 돌을 던졌다.

투석기의 장점이라고 한다면, 무엇보다 탄환의 보충이 간단하다는 점을 들 수 있다. 투석기만 가지고 있으면 현지에서 주운 돌을 탄환으로 사용해 공격을 할 수 있다.

같은 시기에 발명되었다고 알려진 활보다 사정거리가 길고 살상능력이 높았던 투석기는, 신석기시대 이후에 세계각지로 전파되었다. 신석기시대의 소아시아에서는 활을 사용한 흔적은 없지만, 점토를 구워서 만든 투석기용 탄환은 많이 출토되었다.

투석기는 상당히 오랜 기간 동안 애용되었는데, 4세기에 집필된『군사학 논고』(고대 로마의 군사역사가인 베게티우스가 쓴 군사서)에는 **고대 로마 제국에 투석대가 조직**되어 있었던 것이 적혀있다. 그들은 고도의 훈련을 받았으며, 종대 진형을 짜고 끊임없이 탄환을 발사하는 것이 가능했다고 한다.

또한 68년 고대 로마 제국의 사령관인 웨스파시아누스(후에 황제 즉위)가 요타파타를 공격했을 때는 350개의 투석기가 투입되었으며, 이와 마찬가지로 사령관 티토우스가 예루살렘을 습격했을 때에는 700개에 달하는 투석기가 사용되었다.

그러나 투석기는 휘두르는 준비동작이 필요하기 때문에 밀집된 횡대의 진형에서는 사용할 수 없었다. 그 때문에 시대가 지나면서 진형이 복잡해지자, 그 역할을 궁병이나 쇠뇌병이 대신하게 되었다.

투석기의 장점과 단점

▲ 발명 당시의 투석기

장점	단점
· 탄환의 보충이 간단하다.	· 밀집된 횡대 진형에서는 사용할 수 없다.
· 활보다 사정거리가 길다.	· 진형이 복잡해지자 더 이상 사용되지 않았다.
· 활보다 살상능력이 뛰어나다.	

투석기의 사용법

중석기시대에 발명된 투석기는 손쉽게 사용할 수 있다는 점과 높은 공격력 때문에, 순식간에 각지로 퍼져나갔다.

② 끈의 중앙부분의 작은 주머니에 돌을 넣고 머리 위에서 크게 휘두른다.

① 한 가닥 끈의 한쪽 끝에 고리를 만들고, 고리에 손가락을 넣어서 그잡한다.

③ 원심력을 이용해서 돌을 멀리까지 던진다.

관련항목

●중석기시대의 병기혁명이란→ No.002
●인류가 최초로 발명한 병기 · 슬링→ No.012

고대병기를 막기 위한 요새의 발전

활과 투석기와 같은 병기의 발명은 방어하는 쪽에도 변혁을 가져왔다. 방어군이 먼저 생각해낸 것이 마을과 도시를 나무나 돌로 둘러쌓아서 방어력을 높이는 것이었다. 그리고 「요새」가 출현했다.

● 예리고 성벽과 차탈회육의 요새

활이나 투석기와 같은 원격 공격이 가능한 병기가 탄생하자 방어군에서도 변화가 일어났다. 강력한 병기공격을 막기 위해 마을과 도시 주변을 **나무나 돌로 감싼 것이다. 나무나 돌로 쌓은 담은, 이윽고 성벽이라는 더욱 견고한 벽이 되고 결국 요새로 발전했다.**

가장 오래된 요새라고 알려진 것이 사해의 북쪽 현재 이스라엘에 있는 예리고라는 소도시다. 예리고는 신석기시대(기원전 8000년경)의 소도시로 세계에서 처음으로 도시의 주위에 성벽을 쌓았다. 예리고의 성벽은 높이가 약 4m이고 두께는 약 3m이며 전체길이는 700m에 달했다고 한다. 이외에도 높이 약 8.5m의 탑이 세워졌고 투척병기로부터 몸을 보호하기 위한 보루도 갖춰져 있었다.

또한 기원전 7100년~기원전 6300년경에 현재의 터키 남동부에서 번창했던 차탈회육에서는, 성벽은 없지만 굳건히 방어 태세를 갖춘 마을이 존재했었다. **차탈회육의 요새**는 각각의 집을 연결하고 창문이 없는 공통된 벽을 만드는 것으로 외부에서의 침입이나 공격에 대비했다. 각 집의 지붕에는 구멍이 나있으며 주민들은 집안의 사다리를 이용해서 드나들었다. 집을 밀집시킴으로써 외적으로부터 서로를 보호한 것이다.

기원전 3000년경이 되자 메소포타미아 지방에 대도시 요새가 나타났다. 바로 우르라 불리는 도시다. **우르의 성벽**은 장소에 따라서는 두께가 30m 이상이었으며 성안에는 탑이나 노대가 만들어졌다. 계획적으로 요새를 만들었다는 것을 알 수 있다.

당시에는 성벽이나 성문을 부술 수 있는 위력을 지닌 병기가 없었기 때문에 식량의 보급을 끊거나 성안의 사람과 내통을 해서 스스로 문을 열게 하는 것 이외에는 요새를 공략할 수 있는 방법이 없었다. 그래서 이러한 요새를 돌파하기 위해 공성병기가 개발되었던 것이다.

요새가 발전한 이유

1 원격공격이 가능한 병기가 탄생

2 강력한 병기공격을 막을 필요성

나무나 돌을 쌓은 담이 등장

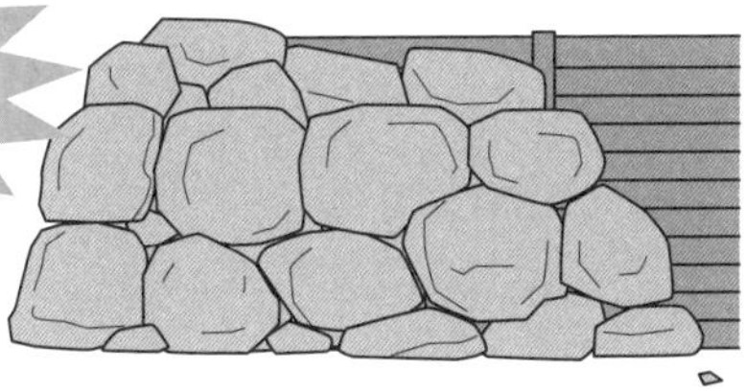

성벽과 요새로 발전

고대에 실재로 있었던 성채

예리고 성벽	차탈회육의 요새
연대 기원전 8000년경	**연대** 기원전 7100년경~기원전 6300년경
장소 예리고 (현재의 이스라엘)	**잡소** 차탈히유 (현재의 터키)
특징 전체길이 700m에 달하는 세계에서 가장 오래된 요새. 높이는 약 4m이고 두께는 약 3m에 달했다고 한다.	**특징** 방비를 갖춘 마을의 집합체로 성벽은 없었다. 각각의 집을 연결하고 창문이 없는 공통의 벽을 만들어서 외부로부터의 공격에 대비했다.

관련항목

●포위전과 공성병기의 발달→No.009
●철벽의 요새·에우리알로스와 마사다→No.049
● 성문 밖에 설치된 소규모 성채─관성과 마면→No.083

전차의 기원 · 배틀 카

활과 투석기의 발명에 이은 병기 역사상의 전환점이 된 것이 바로 전차의 발명이다. 기원전 3000년경에 메소포타미아에 나타난 수메르인이 발명했다고 하는 전차는 후에 전장의 주역이 될 정도의 위력을 자랑했다.

● 수메르인이 발명한 최초의 전차

No.002에서도 다뤘지만, 고대병기 역사에 있어서 활과 투석기의 발명에 뒤이은 혁명적인 사건이 바로 **전차의 발명**이다.

신석기시대 후기부터 청동기시대에 걸친 어느 시기에 **이집트에서 바퀴가 발명**되었다. 초기의 바퀴는 스포크(바퀴살)가 없이 커다란 나무를 둥그렇게 가공했을 뿐이었기 때문에 매우 무거웠다. 거기다 4륜차였기에 기동력이 약했다. 속도도 나지 않았고 급격한 방향전환도 어려웠기 때문에 전장에서는 사용되지 않았으며 오로지 짐을 옮기는데만 사용되었다.

이것을 전차로 만들어서 전장에 투입한 것이 기원전 2000년경의 메소포타미아에서 나타난 수메르인이었다고 한다. 그들이 만든 전차는 **배틀 카라고 불리는 4륜차**로 차체의 앞면이 높게 만들어져 있는, 폭이 넓은 것이었다.

배틀 카에는 제어자(운전수)와 병사가 탔다. 병사는 차체의 옆면에 달린 창 가방에서 창을 꺼내 적을 향해 던져서 공격했다. 현재 발견된 그림에는 활을 든 병사가 전차에 타고 있지는 않지만, 아마도 활로 공격을 하는 일도 있었을 것이다.

또한 창을 든 병사 2명이 공격병을 지키기 위해서 같이 타기도 했다고 한다.

동력은 4마리의 당나귀였다. 당시의 메소포타미아에는 말이 없었기 때문이다.

움마라는 수메르의 도시는 전차 60대를 보유하며 전차대를 조직했다고 하니, 수메르에서 전차는 매우 중요한 병기로 자리잡고 있었던 것 같다.

그 후 전차는 이집트에서 소아시아, 유럽, 아시아로 건너가며 더욱 가벼워졌고, 고대병기로서의 존재감을 드러냈으며 마침내 전장의 주역으로 자리매김하였다.

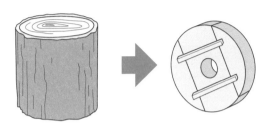

고대의 바퀴

바퀴가 발명된 것은 신석기시대 후기~청동기시대의 이집트다. 발명 당시의 바퀴는 나무로 만들어 졌는데, 커다란 나무를 둥글게만 가공했었던 것으로 바퀴살이 없었기 때문에 매우 무거웠다.

수메르의 전차 「배틀 카」

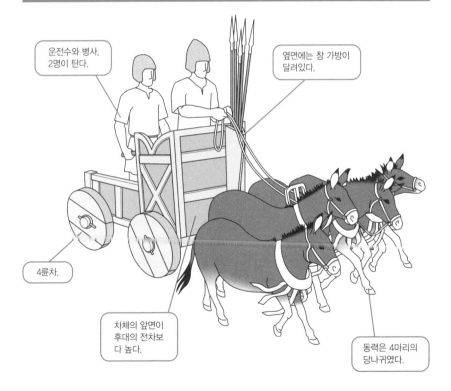

운전수와 병사,
2명이 탄다.

옆면에는 창 가방이
달려있다.

4륜차.

차체의 앞면이
후대의 전차보
다 높다.

동력은 4마리의
당나귀였다.

관련항목

● 속도를 중시한 고대 이집트의 전차→No.022
● 3000년 전부터 사용된 아시리아의 전차→No.023

병기에 혁명을 불러일으킨 아시리아

기원전 7세기, 고대 근동 세계에 일대제국을 건설한 아시리아는 새로운 소재인 철을 사용해서 강대국의 자리에 올라갔다. 아시리아는 가장 먼저 철을 병기에 도입함으로써 병기에 혁명을 불러일으켰다.

● 투석병기와 공성병기를 발전시킨 아시리아 제국

기원전 11세기경에 메소포타미아 지방에서 번성한 바빌로니아가 쇠퇴한 후 메소포타미아는 작은 나라끼리 서로 분쟁을 거듭했지만, 기원전 900년경이 되어 아시리아가 강대국의 자리에 올랐다. 그리고 기원전 7세기에는 고대 근동 세계의 거의 대부분을 영토로 하는 일대제국을 건설했다.

아시리아의 원동력이 된 것은 바로 철이었다. 기원전 1200년경부터 철기시대가 시작되었으며 이미 철은 존재했었다. 아시리아를 강대국으로 만든 것은, 그들이 달아오른 철과 탄소를 화합하는 방법을 만들어냈기 때문이다. 이러한 새로운 제철기술로 인해 철은 강철과 같이 단단해져서, 철로 만든 병기는 더욱 강력한 위력을 가지게 된 것이다.

이와 같이 아시리아에서 개발된 철은 동보다 더 가벼웠으며, 귀중한 자원인 주석을 사용해야만 만들 수 있었던 청동에 비해서 월등히 많은 양을 양산할 수 있었기 때문에, 순식간에 각지로 뻗어나갔다. 가장 먼저 새로운 철을 무기와 병기에 도입한 아시리아는 다른 나라들을 압도했으며, 무기와 병기의 발달은 그때까지보다 더욱 치밀한 조직적이고 전략적인 전투를 가능하게 만들었다. **창병대, 궁병대, 투석병대, 돌격대, 전차대와 같은 부대가 창설**되어 전장에서는 이러한 부대들이 질서 정연하게 진을 쳤다. 세계에서 최초로 조직적인 군대가 만들어진 것이다.

고대병기 역사상 아시리아가 이룩한 다른 한가지 업적은 바로 **공성병기의 발달**이다. 강력한 아시리아군에 대항할 수 없었던 다른 나라의 군대가 성안에 들어가 농성을 벌였기 때문에, 아시리아는 공성병기를 개량하고 개발한 것이다.

아시리아에서는 초기에는 성문을 파괴하기 위해, 끝부분을 철로 감싼 커다란 창을 사용했었다. 공성전이 많아짐에 따라 아시리아는 이러한 철제 창을 개량해서 거대하게 만들어 파성추로 사용하기 시작했다. 아시리아에서의 이러한 병기의 발달은 후대에서 놓고 보면 그야말로 혁명이라 부를 수 있을 정도의 사건이다.

아시리아의 세력범위

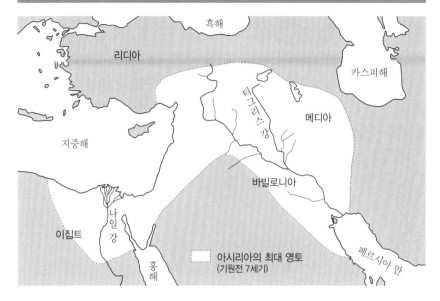

흑해

리디아

카스피해

티그리스강

메디아

지중해

바빌로니아

나일강

이집트

홍해

아시리아의 최대 영토
(기원전 7세기)

페르시아 만

아시리아가 이룩한 업적

조직적인 군대의 창설

철을 도입함으로써 무기와 병기를 발전시킨 아시리아에서는 창병대, 궁병대, 투석병대, 돌격대, 전차대와 같은 부대가 창설되어 조직적인 전투를 하게 되었다.

공성병기의 발전

무력으로 다른 나라를 압도하는 아시리아에 저항하기 위해, 다른 나라의 군대는 성안에서 농성을 벌이는 일이 많았다. 그 때문에 아시리아에서는 공성병기가 발달했다.

관련항목

● 아시리아는 어떻게 군마를 보충했었나→No.007
● 포위전과 공성병기의 발달→No.009
● 성벽을 파괴하는 파성추의 위력→No.041
● 공성탑과 파성추의 활약→No.043

아시리아는 어떻게 군마를 보충했었나

전차가 급증하는 것과 동시에 필요한 말의 수도 폭발적으로 증가했다. 메소포타미아에서 일대제국을 건설한 대국 아시리아는 어떻게 말을 조달했던 것일까?

● 매우 어려웠던 군마의 보급

전차가 전장의 주역으로 각광을 받게 되자 그 수는 폭발적으로 늘어났다. 이에 따라서 전차를 끄는 말의 숫자도 증가했다. 거기다 말은 전차용으로 사용될 뿐만 아니라, 기병부대용으로도 필요했었다.

간단하게 '말이 늘어났다'라고 이야기하지만, 메소포타미아나 이집트와 같은 고대 역사를 장식하는 지역에서는 농경용으로 말이 보급되지 않았으며 또한 그들은 말을 타는 유목민도 아니었다. 그렇기 때문에 말을 조달하는 것은 쉬운 일이 아니었다는 것을 추측할 수 있다. 그래서 이번 장에서는 메소포타미아에 일대제국을 건설한 아시리아가 어떻게 군마를 조달했는지 살펴보도록 하자.

전차대와 기마대를 포함하여 군대를 창설한 아시리아에게 있어서, 말은 전쟁을 수행하는데 필수불가결한 존재였다. 그래서 **아시리아에서는 무사르키시스라는 국왕 직속의 군마 조달관을 설치하고** 아시리아 통치하에 있는 각 주에 그들을 2명씩 파견했다. 그들은 서기와 조수를 몇 명씩 데리고 다녔으며 말을 찾아서 모으는 것만을 위해 파견되었다. 파견된 지방의 마을이란 마을은 전부 다 돌아 다녔다. 그리고 조달한 말에 대해 국왕에게 신속히 보고하고, 어디에 배치하는 것이 좋을지 지시를 청했다고 한다.

또한 이와는 별도로, 국왕군의 전차대는 겨울이 되면 마을을 돌면서 자신들 스스로 말을 조달했다고 한다.

많을 때는 하루에 100마리 정도의 말이 국왕의 밑으로 모이기도 했으며, 이렇게 모은 말들을 어떻게 분배할 것인가를 정하는 관료도 있었다.

말은 모으기만 해서는 병기로 사용할 수 없으며 군마로서 조교를 해야만 한다. 각지에서 모인 말은 곧바로 조교를 시작해서 2살이 되면 전차를 끌 수 있게 되었으며, 8살 정도까지 전차마로서 지내게 된다. 조교를 받은 말은 하루에 50~60km를 주파했으며, 전차를 끌고서 2km의 길을 전력질주할 수 있었다고 한다.

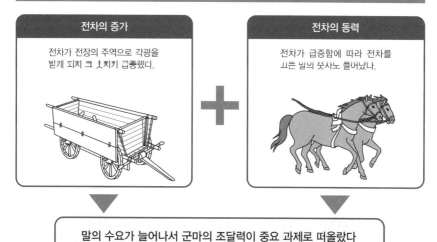

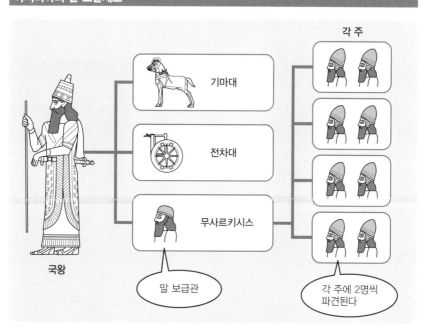

중요 과제로 떠오른 군마 조달력

전차의 증가

전차가 전장의 주역으로 각광을 받게 되지 그 수치가 급증했다.

전차의 동력

전차가 급증함에 따라 전차를 끄는 말의 숫사도 늘어났다.

말의 수요가 늘어나서 군마의 조달력이 중요 과제로 떠올랐다

아시리아의 말 조달제도

각 주

기마대

전차대

무사르키시스

국왕

말 보급관

각 주에 2명씩 파견된다

관련항목

● 전차의 기원 배틀 카→ No.005

● 병기에 혁명을 불러일으킨 아시리아→ No.006

전차부대에서 기병부대로

전장의 주역으로 각광을 받으며 대활약을 펼친 전차는 결국 기병부대에게 그 자리를 넘겨주는 운명을 맞이하게 된다. 그렇다면 왜 전차부대에서 기병부대로 바뀌는 흐름이 만들어진 것일까?

● 전차부대보다 우위를 점했던 기병부대

수메르, 바빌로니아, 아카드, 이집트, 아시리아 등, 메소포타미아 방면에서 번성했던 대부분의 고대 왕국은 주력병기로 전차를 사용했었다. 한편으로 아시리아와 같은 나라에서는 전차 이외에 활이나 창을 장비한 기병부대도 존재했다.

전차부대와 기병부대를 비교하면 **병기로서 압도적으로 우월한 것은 바로 기병부대였다.** 먼저, 기병이 전차보다 행동범위가 넓다. 전차가 들어갈 수 없는 지형이라도 기병은 문제없이 들어갈 수 있다. 다음으로 기동성을 살펴보더라도 기병이 전차보다 월등하게 뛰어났다. 사람과 말이 하나가 되어 공격을 함으로써, 전차의 몇 배나 되는 속도로 전장을 누빌 수 있었다.

이와 같이 기병의 우위는 명확한 사실이지만, 메소포타미아나 유럽에서는 기병부대가 긴 세월 동안 단지 전차부대의 곁다리에 불과할 뿐이었으며 전장의 주역은 되지 못했다.

가장 큰 이유로 당시에 안장이나 등자와 같은 **효과적으로 말을 탈 수 있는 도구가 없었던 것**을 들 수 있다. 말 위에서 무기를 들고 말을 제어하려면 다리 힘으로 말을 잡고 있을 수밖에 없었다. 말의 동체를 다리로 확실히 잡으면서 활을 겨누거나 창으로 찌르려면 상당한 훈련이 필요했다. 특히 아시리아를 포함한 지중해나 유럽방면의 각 나라에는 말을 타는 습관이 없었기 때문에 말을 타는 것 자체가 어려웠다. 또한 중동 방면과 다르게 말의 사육환경이 갖춰지지 않았던 것 역시 말의 조교 시기를 늦췄다. 전차를 끄는 정도라면 괜찮지만, 사람을 태우고 사람 말을 듣도록 조교를 시키는 기술은 말과 함께 생활을 하지 않고서는 좀처럼 향상되지 않았기 때문이다.

그러나 메디아인과 같은 유목민과의 전투를 통해서 유럽 각국에도 기병의 강력함이 두각을 나타내었으며, 기원전 7세기 **아시리아의 멸망과 함께 전차의 시대는 종언을 고했다.**

전차와 기병의 비교

전차		기병
✕ 좁다	행동범위	◯ 넓다
✕ 없다	기동성	◯ 있다

POINT

기병은 전차가 들어가지 못하는 장소에도 들어갈 수 있다.

POINT

기병은 사람과 말이 일체가 되어 공격을 할 수만 있다면, 전차의 몇 배에 달하는 속도를 낼 수 있다.

유럽에서 기병부대의 도입이 늦어진 이유

1 도구가 없었다

당시에는 안장이나 등자와 같이 효율적으로 말을 타는데 필요한 도구가 발명되지 않았기 때문에 말 위에서 무기를 다루기 위해서는 고도의 훈련이 필요했다.

2 말을 타는 습관이 없었다.

지중해 지역과 유럽 방면의 각국에는 원래 말을 타는 습관이 없었기 때문에 말을 타는 것 자체가 힘든 작업이었다. 또한 말의 사육환경 역시 갖춰져 있지 않았기 때문에 말의 조교도 불가능했다.

관련항목

● 전차의 기원 배틀 카→ No.005
● 전차부대는 어떤 진형으로 싸웠는가? → No.027

포위전과 공성병기의 발달

병기의 발달은 이윽고 공성전의 발달로 이어졌다. 그래서 개발된 것이 수많은 공성병기였다. 그중에 대표적인 것이 아시리아에서 발전했던 파성추와 공성탑이다.

● 아시리아가 개발한 공성병기

고대 오리엔트에서 일대제국을 건설한 아시리아는 야전이 특기였으며 그 때문에 점차 포위전이 주요 전장을 장식했다. 야전에서는 도저히 이길 수 없었던 적군들이 일찌감치 성에 틀어박혔기 때문이다.

포위전은 공격하는 입장에서는 많은 희생을 치러야 하는 위험한 작전이었다. 그래서 아시리아에서도 포위전을 치르기 위한 여러 가지 수단을 고안해냈다.

아군의 희생을 줄이기 위해, 외교를 통해서 항복권고를 하는 것부터 적군에 내통자를 만들어서 성 안쪽에서 문을 열게 만드는 것과 같은, 군사행동 이외의 교섭책략의 기술이 향상되었다. 채찍과 당근을 구분해서 사용하면서 교묘한 말로 적군을 농락하는 지혜와 기술이 전장에서 필요하게 된 것이다.

이러한 기술을 구사해도 항복하지 않는 경우에는 어쩔 수 없이 공성전을 치르게 된다. 그리하여 아시리아에서는 공성병기가 발달했다. 그 대표적인 병기가 파성추와 공성탑이다.

국왕 아슈르나시르팔 때(재위 : 기원전 883년~기원전 859년)에는 이미 6륜의 이동식 공성탑이 사용되었으며 파성추도 탑재되어 있었다. 티글라트 필레세르 3세 때가(재위 : 기원전 744년~기원전 727년) 되면 공성탑은 가벼워지고 양산이 가능해져서, 몇 대의 공성탑이 전장에 투입되었다.

이 외에도 공성용으로 긴 사다리가 사용되었는데, 운용에 필요한 전용 훈련도 이뤄졌다. 아시리아에서는 이러한 공성병기를 동시다발적으로 사용해서, 적군을 분산시킴으로써 성문을 파괴했다고 한다.

그래도 성이 함락되지 않는 경우에는 상대의 보급로를 끊는 방법을 사용했다. 그러나 이 방법은 아군의 병참이 확보되고, 거기다 적의 원군이 나타나지 않는 것이 조건이었기 때문에, 어디까지나 최후의 수단이었다.

아슈르나시르팔 때의 공성탑

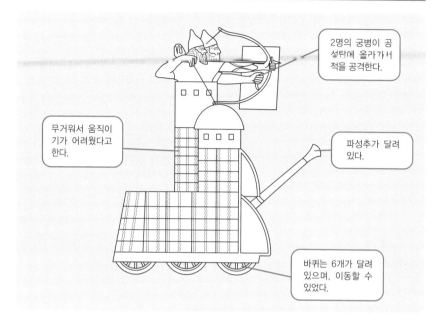

2명의 궁병이 공
성탑에 올라가서
적을 공격한다.

무거워서 움직이
기가 어려웠다고
한다.

파성추가 달려
있다.

바퀴는 6개가 달려
있으며, 이동할 수
있었다.

티글라트 필레세르 3세 때의 공성탑

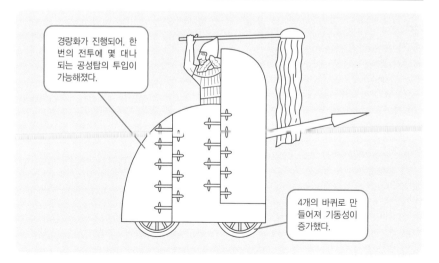

경량화가 진행되어, 한
번의 전투에 몇 대나
되는 공성탑의 투입이
가능해졌다.

4개의 바퀴로 만
들어져 기동성이
증가했다.

병기를 발전시킨 「토션 스프링」

마케도니아에서 개발된 「토션 스프링」은 그때까지 병기에서 사용되었던 인장 스프링보다 매우 강력했다. 병기는 「토션 스프링」에 의해 더욱 발전하게 되었다.

● 토션 스프링의 발명으로 마케도니아는 강대국으로 성장했다

공성병기를 극적으로 바꾼 것이 기원전 4세기에 발명된 **토션 스프링**이다. 그때까지 공성병기나 노궁에서 사용되었던 것은 인장 스프링으로, 수직으로 장착한 다음 뒤쪽으로 잡아당겨서 힘을 발생시켰다. 한편 토션 스프링은 스프링 역할을 하는 밧줄이나 털의 양쪽 끝에 윈치를 걸고 한가운데에 튼튼한 나무 암을 끼워 넣은 후, 양쪽 끝의 윈치를 돌려서 밧줄이나 털을 비튼다. 토션 스프링을 사용함으로써 **병기의 파괴력은 월등히 향상되었고, 사정거리도 길어졌다.**

토션 스프링은, 마케도니아의 필리포스 2세(기원전 359년~기원전 336년, 알렉산드로스 대왕의 아버지)에 의해 발명된 기술이다. 마케도니아를 그리스 방면의 강대국으로 만든 필리포스는, 다음 목표를 대국 아케메네스 왕조의 페르시아로 잡았다. 페르시아는 지금까지 필리포스가 싸워왔던 그리스의 폴리스와는 격이 다른 강대국이었다. 그래서 필리포스는 대규모 침공을 앞두고 공성병기를 개량하라는 엄명을 내렸다. 그리하여 수도 펠라에 모인 기술자들에 의해 만들어 낸 것이 바로 토션 스프링이었다. 이러한 획기적인 발명은 노궁의 성능을 향상시켰으며, 벽을 부수기 위한 투사병기인 리토보로스(투석기)를 만들어냈다.

토션 스프링의 발명으로 인해 마케도니아의 공성전 공격력은 비약적으로 향상했으며, 난공불락이라 여겨졌던 티로스를 함락시키는 등, 알렉산드로스 대왕의 영토확장을 위한 거침없는 진격으로 이어졌다.

그 후에도 토션 스프링은 단기간 동안 개량이 계속되어 기원전 2세기경이 되자, 발명 당시에는 스프링 역할을 하는 밧줄에 말 털을 사용했었던 것이, 나중에는 말의 힘줄을 사용하게 되었고 이로써 내구성과 강도가 모두 증가했다.

토션 스프링 기술은 이후 800년의 세월이 흐르는 동안 여러 지역에서 투사병기의 장치로 사용되었다.

마케도니아와 아케메네스 왕조 페르시아의 위치관계

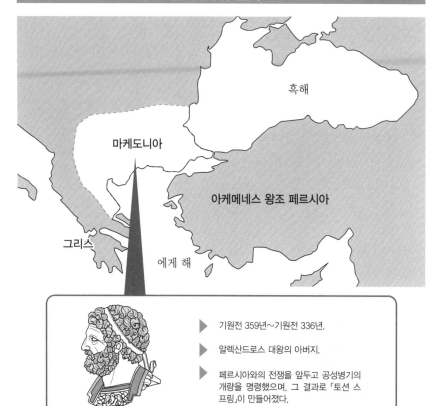

흑해

마케도니아

아케메네스 왕조 페르시아

그리스

에게 해

▶ 기원전 359년~기원전 336년.

▶ 알렉산드로스 대왕의 아버지.

▶ 페르시아와의 전쟁을 앞두고 공성병기의 개량을 명령했으며, 그 결과로「토션 스프링」이 만들어졌다.

필리포스 2세

토션 스프링의 특징

1
스프링 역할을 하는 밧줄이나 털을 튼튼한 목제 암과 원치를 사용해서 꼬는 것으로, 인장 스프링보다 더욱 잘 튀어서 병기의 파괴력이 올라갔다.

2
마케도니아의 필리포스 2세의 명령으로 모인 기술자들에 의해 기원전 4세기 중반에 발명되었다.

3
발명된 후 800년 동안이나 사용될 정도로 실용적이었으며, 토션 스프링으로 노궁의 위력이 향상되고 새로운 투석기의 발명으로 이어졌다.

관련항목
● 캐터펄트보다 제작이 간단한 오나거→ No.014
● 누구나 다 사용할 수 있는 활로 개발된 발리스타→ No.016

해상병기 「갤리선」의 발달

바다 위에서 펼쳐지는 전투의 발달에 의해 페니키아인이 개발한 것이 바로 군선인 갤리선이다. 갤리선은 시간이 지나면서 2단노선이 되고, 3단노선으로 발전해 갔다.

● 펜테콘토로스에서 2단노선으로

병기는 땅 위뿐만 아니라, 바다 위에서도 발달했다. **최초의 해상 병기라고 할 수 있는 것이 바로 갤리선**이다. 세계 최초의 군선은 기원전 13세기에 일어난 트로이아 전쟁에서 사용되었다고 하지만, 확실한 기록이 남아있는 것은 기원전 1190년의 이집트다. 노를 사용한 이집트의 군선은 바다가 아닌 큰 강에서 사용되었기 때문에, 용골이 없어서 충각(No.029참조)조차 설치할 수 없을 정도로 강도가 약했다.

군선의 발달에 크게 기여를 한 것이 바로 페니키아인(현재의 시리아 · 이스라엘 지역)이었다. 그들은 배의 외판끼리 "장붓구멍"으로 연결시켜서 배를 튼튼하게 만들었으며, 군선으로서의 가치를 높이는데 성공했다. 배에는 가로돛과 노를 달았고, 돛대는 탈착이 가능했다.

페니키아의 군선은 처음에는 20명이 노를 저었지만, 이윽고 50명 체제가 되어 「**50노선(펜테콘토로스)**」이라고 불렸다. **이것이 초창기의 갤리선이다.** 좌현과 우현에 각각 25개의 노가 달려있었기 때문에, 배는 매우 길고 얇았으며 안정감이 없어서 조종하기도 힘들었다. 또한 초창기의 펜테콘토로스에는 충각이 달려있지 않았다.

충각이 없는 펜테콘토로스의 시대가 기원전 9세기까지 이어졌지만, 결국에 충각을 달게 되고 공격력이 향상되자 이번에는 더욱 빠른 배를 만들려 했다. 그래서 페니키아인은 위아래에 노가 2단으로 달려있는 갤리선인 **2단노선**을 개발했다. 2단노선은 1단노선보다 배 길이가 짧아져서 조작도 쉬워지고 안정감이 증가했기 때문에 먼 곳까지 항해를 할 수 있게 되었다.

2단노선은 이윽고 3단노선이 되고, 그리고 난 후에도 4단, 5단노선으로 진화해갔다.

이집트의 군선(기원전 1190년경)

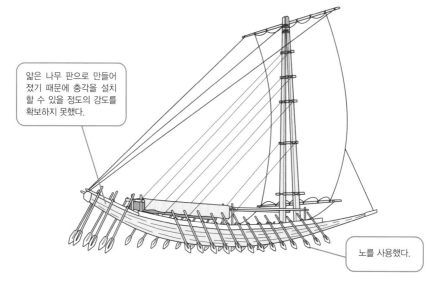

얇은 나무 판으로 만들어
졌기 때문에 충각을 설치
할 수 있을 정도의 강도를
확보하지 못했다.

노를 사용했다.

50단선(펜테콘토로스)

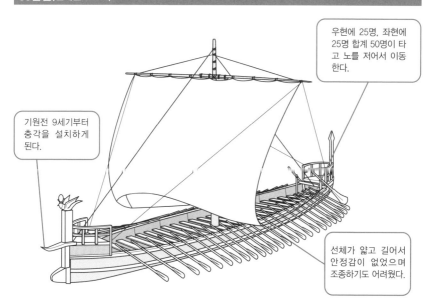

우현에 25명, 좌현에
25명 합계 50명이 타
고 노를 저어서 이동
한다.

기원전 9세기부터
충각을 설치하게
된다.

선체가 얇고 길어서
안정감이 없었으며
조종하기도 어려웠다.

관련항목

● 해상병기로 활약한 3 단노선→ No.028
● 3 단노선의 발전형 · 5 단노선의 등장→ No.032

고대 사회에서 병기의 역할

고대 사회와 현대 사회에서 병기의 역할은 큰 차이가 난다. 근현대의 전투에서 병기는 원거리 공격용으로만 사용된다. 원자폭탄이나 생화학 병기 등, 지금 시대의 병기는 일격필살의 살상능력을 가지게 되었기 때문에 백병전은 거의 없어졌다. 한편 화약이 발명되지 않았던 고대의 병기에는 화력을 기대할 수 없었다. 병기의 공격력에는 한계가 있었기 때문에, 최후에는 백병전으로 승부를 보는 것이 일반적이었다.

병기를 크게 두 가지로 나누면, 백병전에서 적을 분쇄하기 위한 공격병기와 원거리에서 적에게 투사체를 던지거나 쏘는 비상병기가 있다. 고대시대의 전쟁에서도 비상병기는 사용되었고 전차와 같은 차량병기 및 울타리나 덫과 같은 방어병기도 사용되었으나, 최후의 순간에는 공격병기로 자웅을 겨루는 것이 매우 당연한 일이었다.

따라서 마케도니아의 팔랑크스와 같이 공격병기를 전제로 한 진형이나 공략이 많이 사용되었다. 비상병기 역시 시대가 지나면서 연구 개발을 거듭했지만, 각개격파까지는 가능했어도 승리를 거둘 수 있는 단계까지는 이르지 못했다.

비상병기의 역할은 주로 성을 여는 일이었다. 삼국시대의 중국에서는 발석기와 연노의 개발이 진행되었고, 이들은 공성병기의 역할을 수행해냈다. 그리고 비상병기로 열어젖힌 성문으로 병사들이 쇄도해서 공격병기를 손에 들고 적을 섬멸했던 것이다.

청동기가 발견되면서 공격병기의 살상력이 향상되었으며, 철을 단조해서 병기를 제작할 수 있게 되자 공격병기의 위력은 더욱 현저하게 향상되었다. 또한 아르키메데스와 같은 학자들이 병기 개발에 참여한 것에서 알 수 있듯이, 병기의 개발이 결과적으로는 문명의 발전에 기여를 한 측면도 있다고 할 수 있겠다.

고대시대에 사용된 빈약한 위력의 병기(어디까지나 현대와 비교했을 때)는 고대인들의 전술과 전략 및 개발 등, 모든 측면에서 발전을 촉진했다. 그 이유는 바로 병기의 위력이 빈약했기 때문인 것으로도 볼 수 있다.

제2장
서양의
고대병기

인류가 최초로 발명한 병기 · 슬링

간단하고 간편한 병기로 고대시대부터 많이 사용된 병기가 바로 슬링이다. 돌과 같은 투사체를 상대방에게 투척할 때 사용했다. 『구약성서』에도 사용되었다고 적혀 있으며, 일본에서도 사용된 매우 대중적인 병기였다.

●『구약성서』에도 적혀있는 역사상 가장 오래된 병기

기원전 1만2천년경 **인류가 최초로 발명한 병기 중 하나가 슬링**이라는 병기였다. 슬링이란 한마디로 투석용 끈이다. 끈의 중앙에 투척할 돌을 장착하는 주머니가 있고, 끈의 끝 단에 고리를 만들어서 손가락을 걸고 고정한 후, 끈을 머리 위에서 돌리며 원심력을 실어서 돌을 날린다. 『구약성서』에서는 다윗이 슬링으로 돌을 던져서 필리스티아인 거인 골리앗의 이마를 맞췄다고 적혀있다.

슬링의 장점은 투척하는 탄환을 쉽게 보충할 수 있다는 점이다. 다윗은 개울에서 주운 5개의 돌을 탄환으로 사용했다고 한다. 그 후 탄환에는 납 덩어리가 사용되었으며 아군을 나타내는 각인도 새겨졌다고 한다. 고대 그리스에서는 탄환에 「항복해라」라는 말을 새기기도 했었다.

조직된 군대에서도 슬링은 병기로서 중요한 위치를 차지했다. 예를 들어 기원전 4세기의 카르타고에서는 대량의 투석병이 배치되었다. 궁병보다 훨씬 중요하게 여겼던 모양으로, 2000명 규모의 투석부대가 존재했다고 한다.

슬링의 단점으로는 머리 위에서 휘두르는 예비동작이 필요했기 때문에 연발이 불가능하다는 점을 들 수 있다. 고대 로마군은 상당한 훈련을 거듭한 병사들이 끊임없이 탄환을 날리는 것으로 이러한 결점을 없앴다.

슬링은 쉽게 제작할 수 있는 점과 탄환 보충이 간단하다는 점에서 단번에 퍼지게 되어 세계 각지에서 사용하게 되었다. **일본에서도 투탄대라 불리는, 슬링과 똑같은 형태의 병기가 야요이시대의 유적에서 출토**되었다.

또한 기원전 4세기의 고대 그리스에서는 슬링을 나무 봉에 묶어서 사정거리를 늘린 **스태프 슬링**이라 불리는 병기를 만들었다고 한다.

슬링의 구조

〈기본적인 슬링〉

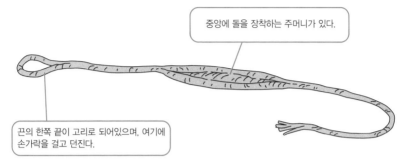

중앙에 돌을 장착하는 주머니가 있다.

끈의 한쪽 끝이 고리로 되어있으며, 여기에 손가락을 걸고 던진다.

슬링의 사용방법

머리 위에서 휘두를 때 생기는 원심력을 이용해서 돌을 멀리 던진다.

슬링에서 사용되는 탄환은 처음에는 돌이었지만, 그 후 납 덩어리가 사용되면서 공격력이 향상되었다. 기원전 4세기의 카르타고에는 2000명 규모의 투석부대가 있었다고 한다.

스태프 슬링

끈 대신에 긴 나무 봉을 사용하는 것으로 원심력을 높여서 사정거리를 늘렸다

긴 나무막대를 사용한다.

여기에 탄환을 넣는다.

관련항목

● 원시적 투석기의 등장→ No.003
● 거대한 투석기 캐터펄트의 등장→ No.013

거대한 투석기 캐터펄트의 등장

투석기로 많이 사용된 병기가 바로 캐터펄트다. 스프링을 이용해서 슬링보다 훨씬 더 멀리 탄환을 날릴 수 있어서 슬링과는 비교도 할 수 없을 정도의 위력을 자랑하는 대형병기다.

● 슬링을 능가하는 위력의 대형병기

공성전이 늘어난 아시리아에서 파성추를 비롯한 공성병기가 차례로 개발되었고 각지에서 발전해갔다. 그중에 하나가 바로 **대형 투석기 · 캐터펄트**다.

실제로 캐터펄트가 어디서 언제 개발되었는지는 확실하지 않지만(캐터펄트는 그리스어로 "휘두르는 것"이라는 의미지만, 발명시기와 같은 상세한 사항은 불명), 고대 로마나 그리스와 같은 강대국에서도 빈번하게 사용될 정도로 공성전에서는 효과가 있는 병기였다.

초기의 캐터펄트는 동물의 힘줄이나 머리카락 등을 사용한 인장 스프링 방식이었지만, 기원전 4세기의 마케도니아에서 토션 스프링이 발명되자, 이후에는 토션 스프링 방식이 주류가 됐다. 인장 스프링 방식의 경우 1kg의 돌을 사용했을 때 사정거리가 약 150m인 것에 비해 토션 스프링 방식은 4kg의 돌을 320m정도 날릴 수 있었다.

토션 스프링 방식은 여러 가닥의 머리카락이나 힘줄을 하나로 꼰 후 가운데에 암을 끼워 넣고 윈치를 사용해서 암을 후방으로 잡아당긴다. 이렇게 얻은 반발력을 이용해서 탄환을 발사한다. 탄환에는 커다란 돌 뿐만 아니라 납 덩어리나 장창, 대형 화살 등도 사용됐다. 예를 들어 88cm의 대형 화살을 발사해서 370m 떨어진 곳에 있는 방패를 꿰뚫었다고도 한다.

캐터펄트는 각국의 군대에서도 중요한 병기였다. 고대 로마에서는 기원전 3세기에 발발한 포에니 전쟁을 치를 때, 1개 대대에 1기씩 캐터펄트가 배치되어 전장에서 큰 활약을 했다. 이때 캐터펄트는 90kg의 거대한 돌을 적진으로 날렸다고 한다.

참고로 그 이후에 스프링을 청동으로 만드는 등의 개량이 거듭되면서 캐터펄트는 화기가 발달하는 중세시대까지 주력병기로 사용되었다.

캐터펄트의 구조와 토션 스프링

공성전이 증가함에 따라 공성병기는 진화를 거듭하고, 결국 대형 투석기인 캐터펄트가 발명되었다. 그 월등한 위력 때문에 캐터펄트는 많은 나라에서 사용되었다.

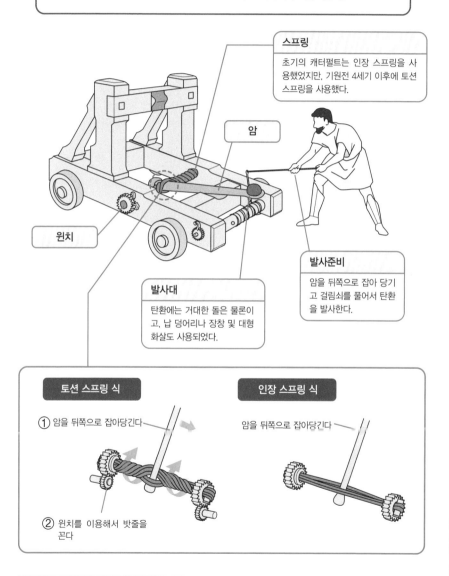

스프링

초기의 캐터펄트는 인장 스프링을 사용했었지만, 기원전 4세기 이후에 토션 스프링을 사용했다.

암

윈치

발사준비

암을 뒤쪽으로 잡아 당기고 걸림쇠를 풀어서 탄환을 발사한다.

발사대

탄환에는 거대한 돌은 물론이고, 납 덩어리나 장창 및 대형 화살도 사용되었다.

토션 스프링 식

① 암을 뒤쪽으로 잡아당긴다

② 윈치를 이용해서 밧줄을 꼰다

인장 스프링 식

암을 뒤쪽으로 잡아당긴다

캐터펄트보다 제작이 간단한 오나거

오나거는 캐터펄트을 개량한 것이라고도 할 수 있으며, 기원전 3세기경부터 등장하기 시작했다. 비거리나 위력은 캐터펄트와 거의 비슷하지만, 대량생산을 할 수 있다는 점이 획기적이었다.

● 양산형 투석기의 개발

오나거는 투석기의 일종으로 캐터펄트를 개량한 것이라고도 할 수 있는 병기다. 암 (Arm)의 끝부분에는 슬링에 달려있는 주머니와 비슷한 것을 달고, 토션 스프링을 사용 해서 투사체를 투척한다.

기원전 3세기경의 그리스나 로마에서 오나거가 개발되었다고 전해진다. 오나거란 야생 당나귀라는 의미로 탄환을 발사할 때의 움직임이 당나귀의 뒷발질을 연상시켜서 이러한 이름이 붙은 것이다.

캐터펄트에 비해서 간단히 제작할 수 있기 때문에, 대량생산이 가능한 것이 가장 큰 장점이다. 이러한 점을 봤을 때 캐터펄트에서 진화한 것이라고도 할 수 있지만, 실제로 는 캐터펄트를 만들거나 유지보수를 할 전문가가 부족했기 때문에 긴급히 조치를 취한 것이라고도 한다. 특히 토션 스프링을 발명한 마케도니아에서는 개량이 거듭되어 100 kg의 탄환을 600m 떨어진 곳까지 발사했다. 이 경우 발사를 할 때의 반동이 크기 때문 에 벽돌이나 흙으로 만든 대차 위에 올렸을 것으로 추측된다.

오나거는 암의 끝부분에 마로 만든 바구니가 달려있고 여기에 탄환을 장착한다. 토 션 스프링에 암을 끼워 넣고 스프링에서 생기는 반발력을 이용해서 돌을 발사한다. 8 명 정도가 조작을 했던 것 같다.

오나거는 공성병기로 활약해서, 고대 그리스에서 마케도니아 그리고 고대 로마 제 국에서도 공성전의 주력병기로서 사용되었다. 이와 같은 투석기를 통칭해서 리토보로 스라고 부르기도 했으며, 혹은 리토보로스를 캐터펄트에서 발전한 경량의 투석기라고 해석하기도 한다.

투석기는 오늘날까지도 명확하게 분류되어 있지 않지만, 유사 이래의 전쟁사에 있어 서 오나거를 비롯한 투석기는 매우 중요한 역할을 했다.

오나거의 구조

기원전 3세기경에 발명되었다고 추측되는 오나거는 캐터펄트의 일종인 투석병기다. 「오나거」란 "야생 당나귀"라는 뜻이다.

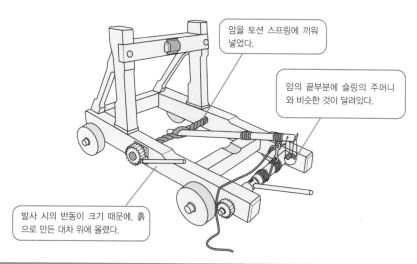

암을 토션 스프링에 끼워 넣었다.

암의 끝부분에 슬링의 주머니와 비슷한 것이 달려있다.

발사 시의 반동이 크기 때문에, 흙으로 만든 대차 위에 올렸다.

오나거의 특징

1 비거리
캐터펄트와 거의 비슷하다.

2 위력
캐터펄트와 거의 비슷하다.

3 제작방법
캐터펄트보다 더욱 간단하게 대량생산이 가능하다.

<마케도니아에서 사용한 오나거의 특징>

100kg의 탄환

비거리 600m

벽돌로 만든 대차

관련항목
● 병기를 발전시킨 「토션 스프링」→No.010
● 거대한 투석기 캐터펄트의 등장→No.013

아시리아의 복합궁과 궁병부대

비거리와 위력에 한계가 있었던 「환목궁」을 개량해서 만든, 더욱 강력한 위력의 활이 바로 「복합궁」이다. 아시리아에서는 복합궁부대와 투석부대를 조합해서 더욱 전투력이 높은 부대를 만들었다.

●환목궁의 개량형·복합궁의 등장

단일 목재로 만드는 활을 **환목궁**이나 **셀프 보우**라고 한다. 환목궁은 어느 정도 이상의 힘을 주면 부러지기 때문에, 제 아무리 강한 탄력을 가지고 있다 하더라도 비거리와 위력에는 한계가 있었다.

이러한 환목궁의 최대 약점을 극복하려 한 것이 바로 **복합궁**이다. 복합궁은 복수의 재질을 조합해서 활을 만드는데, 앞면에는 동물의 뿔과 같은 딱딱한 물질을 쓰고 뒷면에는 동물의 힘줄을 붙여서 활 자체의 강도를 높였다.

복합궁이 발명됨에 따라, 힘이 강하면 강할수록 더욱 멀리 그리고 더욱 강력한 위력의 화살을 발사할 수 있었다. 따라서 환목궁보다 개인의 역량 차이가 현저하게 드러났다.

최초로 복합궁을 전장에서 사용한 것은, 기원전 2200년경 아카드의 나람신 왕이다. 이어서 기원전 1800년~기원전 1600년 사이의 한 시점에 힉소스인들에 의해 이집트로 전해졌다.

그 후 전차가 발명되자 복합궁을 든 궁병은 전차부대에 배치되는 경우가 많아졌다. 기원전 7세기의 바빌로니아에서도 복합궁을 손에 든 병사가 전차에 타고서 전장을 활보했다.

복합궁을 전장에서 가장 효과적으로 사용한 것은 아시리아일 것이다. 아시리아에서는 복합궁병이 투석병과 팀을 짜고 전장에 배치되었다. 투석병이 발사한 탄환은 생각하는 것보다 평탄한 궤도를 그리며 날라간다. 적은 방패로 전면을 막으며 방어하지만, 이때 궁병이 하늘 높이 화살을 발사해서 적의 머리 위로 화살이 마치 비가 쏟아지듯이 만든다. 이렇게 하면 앞과 위를 동시에 공격할 수 있기 때문에, 적이 화살을 피하려면 돌에 맞고 돌을 피하려면 화살에 맞아 쓰러지게 된다.

그 후 기병이 탄생하자 말 위에 탄 병사들은 복합궁을 손에 들고 전장을 누볐으며, 세계 각국의 모든 전장에서 주력 병력이 되어갔다.

셀프 보우와 복합궁

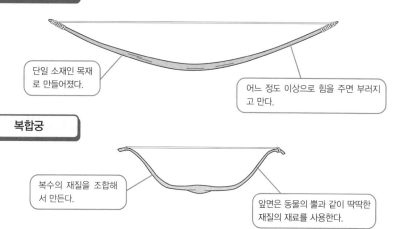

셀프 보우

단일 소재인 목재로 만들어졌다.

어느 정도 이상으로 힘을 주면 부러지고 만다.

복합궁

복수의 재질을 조합해서 만든다.

앞면은 동물의 뿔과 같이 딱딱한 재질의 재료를 사용한다.

복합궁병과 투석병

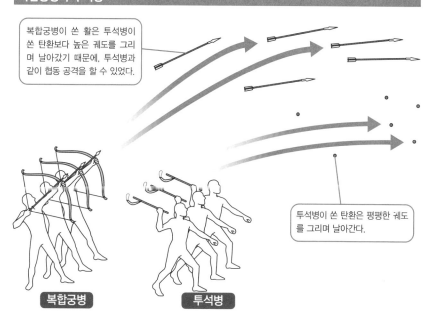

복합궁병이 쏜 활은 투석병이 쏜 탄환보다 높은 궤도를 그리며 날아갔기 때문에, 투석병과 같이 협동 공격을 할 수 있었다.

투석병이 쏜 탄환은 평평한 궤도를 그리며 날아간다.

복합궁병

투석병

관련항목
- 전차의 기원·배틀 카→ No.005
- 병기에 혁명을 불러일으킨 아시리아→ No.006

누구든지 사용할 수 있는 활로 개발된 발리스타

훈련을 쌓은 병사들만이 사용할 수 있었던 복합궁의 단점을 극복하기 위해 개발된 것이 발리스타다. 발리스타가 등장하면서 활은 손쉽게 다룰 수 있는 무기로 탈바꿈해서 많은 전장에서 활약했다.

● 누구나 사용할 수 있는 복합궁 발리스타

복합궁을 전장에서 사용하려면 상당한 훈련과 기술이 필요했다. 그래서 생각해낸 것이 훈련을 할 필요가 없는 활의 개발이었다. 그것이, 기원전 5세기경 고대 로마에서 등장한 **발리스타**다.

발리스타는 투석기를 활로 개량한 흔히 말하는 쇠뇌다. 구조는 복잡하며 스프링을 이용해서 거대한 화살을 발사했다.

발리스타는 그때그때 개량되었고, 토션 스프링의 발명으로 위력과 사거리가 크게 향상되었다. 프레임이나 기본 부분은 서서히 강화되어, 밧줄을 고정하는 와셔를 타원형으로 만드는 것으로 스프링을 사용하는 밧줄을 늘려서 스프링을 더욱 강력하게 만들었다. 1세기가 되자 프레임은 전부 금속으로 제작되고 밧줄을 통 안에 넣음으로써 더욱 강력한 스프링을 만들었으며, 이와 동시에 비바람으로부터 밧줄을 보호해서 발리스타의 수명도 연장시켰다.

발리스타는 널리 사용되며 전장에서 활약을 했다. 고대 로마에서는 각 군단에 55대의 발리스타가 배치되어, 공성전이나 포위전 및 방어전과 같은 모든 전장에서 사용되었다. 하지만 그 거대한 크기 때문에 기동성이 없었다는 것이 발리스타의 약점이었다. 그래서 공성전에서는 효과적으로 공격을 가할 수 있었지만, 야전에서는 잘 사용되지 않았다.

이러한 결점을 극복한 방식이 바로 해전에서 사용하는 것이었다. 함선에 설치하면 기동성의 결여는 문제가 되지 않았다. 로마해군의 대형함선에는 거의 모든 배에 발리스타가 탑재되어 있었다고 한다.

실제로 전장에서 사용된 발리스타의 기록은 많이 남아있는데, 마케도니아와 그리스가 싸운 카이로네이아 전투(기원전 338년)와 로마 군인 스키피오 아프리카누스의 히스파니아 원정(기원전 208년) 및 로마가 다키아와 싸운 다키아 전쟁(101~107년) 등이 유명하다.

발리스타의 형태

투석기를 활용해서 개량하고, 복합궁을 병기로서 크게 만든 것이 발리스타다. 출현은 기원전 5세기경의 고대 로마라고 추측된다.

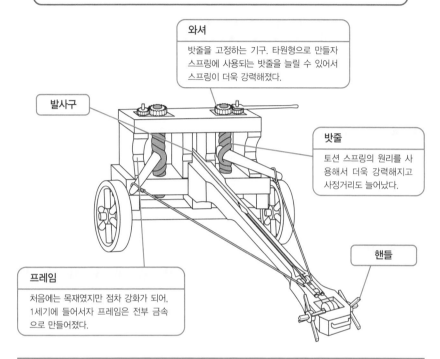

와셔

밧줄을 고정하는 기구. 타원형으로 만들자 스프링에 사용되는 밧줄을 늘릴 수 있어서 스프링이 더욱 강력해졌다.

발사구

밧줄

토션 스프링의 원리를 사용해서 더욱 강력해지고 사정거리도 늘어났다.

핸들

프레임

처음에는 목재였지만 점차 강화가 되어, 1세기에 들어서자 프레임은 전부 금속으로 만들어졌다.

해상의 발리스타

발리스타는 크기가 워낙 크기 때문에 기동성이 없었지만, 함선에 설치를 하면 기동성이 없는 점이나 조준이 불편한 점도 전혀 문제될 것이 없었다. 고대 로마의 대형함선에는 거의 모든 배에 발리스타가 탑재되어 있었다.

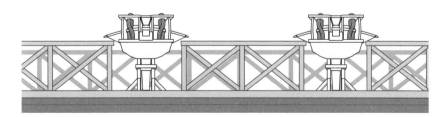

관련항목

●아시리아의 복합궁과 궁병부대→ No.015
●디오니시우스의 쇠뇌→ No.017

디오니시우스의 쇠뇌

자국 영토의 확장을 노리는 시라쿠사의 디오니시우스 1세는 각국에서 기술자들을 불러모으는 등, 병기의 개발과 개량에 여념이 없었다. 그리고 가스트라페테스라는 쇠뇌가 탄생했다.

● 디오니시우스가 만든 쇠뇌

그리스와 카르타고의 중간에 껴있었던 도시 시라쿠사에, 기원전 4세기 디오니시우스 1세라는 참주가 태어났다. 그는 시칠리아 섬 전역을 지배하기 위해 카르타고에 선전포고를 하는 등 적극적인 활동을 보였다.

디오니시우스는 전쟁을 유리하게 진행하기 위해 병기의 개발에 힘을 쏟았다. 그리하여 이웃 나라를 비롯한 각 나라에서 기술자나 장인, 지식인을 시라쿠사에 모으고 신병기의 연구개발에 몰두했다.

그렇게 해서 탄생한 것이 **가스트라페테스라 불리는 유럽세계 최초의 쇠뇌**인 것이다. 가스트라페테스는 병사들이 휴대하고 전장에 나설 수 있는 크기이며, 휘어있는 가대를 배에 대고 현을 잡아 당겼기 때문에 팔에 힘이 없는 사람이라도 강력한 활을 발사할 수 있었다.

이외에도 해전용으로 4단노선을 개발하거나 캐터펄트를 개발한 것도 디오니시우스라는 설이 존재한다. 실제로 캐터펄트의 개발자가 디오니시우스라는 증거는 없지만, 시라쿠사에서 캐터펄트가 사용되었으며 개량도 되었다는 것은 사실이었던 것 같다. 진위를 떠나서 디오니시우스가 이러한 병기개발에 남들과는 비교할 수 없을 정도로 의욕적이었다는 것은 확실한 사실이다. 시라쿠사는 그가 개발한 신병기를 전장에 도입해서 카르타고나 그리스를 무척 괴롭혔다.

디오니시우스의 병기개발팀은 그가 죽고 난 후에도, 시라쿠사에 남아서 나중에 **토션 스프링을 발명함으로써 병기에 혁명을 불러오게 된다.**

또한 서력 100년경에 알렉산드리아에서 나타난 디오니시우스(동명이인)라는 인물은 연사식 쇠뇌를 발명했다. 화살을 장전하는 탄창을 쇠뇌의 화살 홈 위에 놓고 화살이 발사되면 탄창에서 다음 화살이 떨어져 내려와 연사가 가능했다. 이 쇠뇌는 한 번 조준을 하고 나면 조준을 바꿀 수 없다는 단점이 있었다. 이러한 단점을 극복한 것이 중국의 삼국시대에 등장한 연노였다.

시라쿠사와 카르타고의 위치 관계

그리스

지중해

카르타고

시라쿠사

시칠리아 섬

디오니시우스 1세

병기 개발을 위에 긴급히 딕 니니
에서 기술자를 모았다.

가스트라페테스의 개발.

4단노선 및 캐터펄트를 개발했다?

가스트라페테스란 ?

가대

가대는 휘어져있으며, 이 부분을 배에다
대고 현을 잡아 당긴다. 이렇게 함으로써
팔 힘이 없는 사람이라도 강력한 화살을
발사할 수 있었다.

발사구

화살

관련항목
● 해상병기로 활약한 3 단노선→ No.028
● 병기를 발전시킨 「토션 스프링」 → No.010

스콜피오와 케일로발리스트라

다른 나라의 병기를 수입해서 군대를 강화시켰던 고대 로마 제국이 개발한 몇 안 되는 병기가 바로 「스콜피오」다. 발리스타를 가볍게 만든 쇠뇌의 일종이며 더 나아가 케일로발리스트라로 발전시켰다.

● 로마 제국이 개발한 쇠뇌

고대 로마에서는 높은 수준의 조직화된 군대가 존재했다는 것은 확실한 사실이지만, 어째서인지 다른 나라에 비해서 궁병의 숫자가 적었다고 한다. 이것을 보완했던 것이 **스콜피오라 불리는 쇠뇌였다.**

스콜피오는 발리스타를 가볍게 만든 로마의 신병기다. 단지 가볍게 만든 것만이 아니라, 발리스타보다 커다란 화살을 발사하는 것도 가능했으며 암을 휘어주는 것으로 위력도 높였다. 1개의 화살로 2명의 사람을 죽일 수 있었다고 한다. 또한 기구부에 금속을 사용해서 내구성을 높였다.

로마군은 야전에서도 공성전에서도 스콜피오을 즐겨 사용했다. 공성전에서는 공성탑과 조합해서 큰 효과를 발휘했다. 73년 이스라엘의 마사다 포위전에서는 높이 30m인 공성탑의 내부와 정상에 스콜피오병을 배치시켜서 난공불락의 요새로 유명했던 마사다의 공략에 성공했다.

로마에서는 다른 나라에 비해서 열심히 병기를 개발하지는 않았지만, 스콜피오의 개발은 이후에 **케일로발리스트라**의 탄생을 촉발하는 계기가 되었다.

케일로발리스트라는 구조와 원리가 발리스타와 같지만, 그 전까지 나무로 만들어졌던 기구부의 대부분을 금속으로 만드는 데 성공했고, 스프링 부분을 청동으로 만든 통으로 감싸는 것으로 비바람이나 적의 공격으로부터 스프링을 지킬 수 있게 되었다.

거기다 스프링을 좁은 통 속에 넣었기 때문에 더욱 강하게 비틀 수 있어서 위력이 상승했다.

또한 지금까지의 발리스타에는 없었던 아치 형태의 조준기를 장착함으로써 명중 정밀도가 월등하게 향상되었다.

스콜피오의 특징

> 로마군이 개발한 발리스타를 가볍게 만든 병기가 스콜피오라고 불리는 투사병기다.

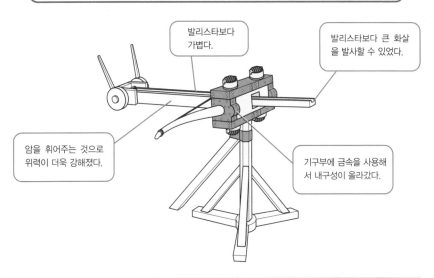

발리스타보다 가볍다.

발리스타보다 큰 화살을 발사할 수 있었다.

암을 휘어주는 것으로 위력이 더욱 강해졌다.

기구부에 금속을 사용해서 내구성이 올라갔다.

케일로발리스트라의 특징

> 케일로발리스트라는 발리스타와 비슷한 투사병기이지만, 발리스타보다 내구성이 높았다.

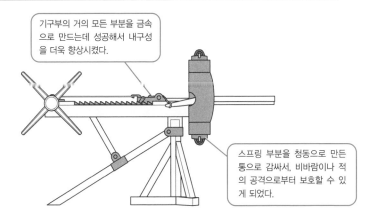

기구부의 거의 모든 부분을 금속으로 만드는데 성공해서 내구성을 더욱 향상시켰다.

스프링 부분을 청동으로 만든 통으로 감싸서, 비바람이나 적의 공격으로부터 보호할 수 있게 되었다.

관련항목
- 누구든지 사용할 수 있는 활로 개발된 발리스타→ No.016
- 철벽의 요새·에우리알로스와 마사다→ No.049

가스트라페테스를 개량한 옥시벨레스

고대시대의 전장에서 많이 사용되었던 것이 화살이나 탄환을 멀리 날리는 병기였다. 그래서 쇠뇌나 투석기에는 여러 가지 개량이 더해져서 발전해갔다. 옥시벨레스는 발리스타에서 발전한 가스트라페테스를 개량한 것이었다.

● 가스트라페테스의 개량 병기

시라쿠사에서 발명된 가스트라페테스와 마찬가지의 원리를 이용해서 활을 발사하는 병기가 **옥시벨레스**다. 가스트라페테스가 인장 스프링을 이용하는 것에 비해 옥시벨레스는 토션 스프링을 사용하는 것이 유일한 차이점이다.

토션 스프링은 시라쿠사에서 발명되어 병기에 일대 혁신을 가져왔기 때문에, 옥시벨레스 역시 시라쿠사에서 개발되었다. 옥시벨레스는 뒤로 휘어진 암이 원래대로 돌아오려는 힘을 이용해 화살을 발사하는 병기로서 사정거리는 400m에 달한다.

병기로서 옥시벨레스의 가치는 당시의 병기 중에서도 매우 컸기 때문에, 시라쿠사에서 발명된 옥시벨레스는 순식간에 로마와 그리스에도 전파되었다.

로마군이 사용한 옥시벨레스는 본체의 현을 잡아당기는 부분의 양쪽에 직사각형 형태의 상자를 설치하고, 그 안에 토션 스프링을 넣어서 비거리와 위력은 유지하는 동시에 내구성을 향상시켰다. 로마군의 옥시벨레스는 30㎝의 화살로 300m앞에 있는 방패나 갑옷을 꿰뚫을 정도의 위력을 가졌다고 한다.

그 후 여러 나라에서 사용된 옥시벨레스는 개량을 거듭했다. 나무로 만들어진 암은 격렬한 반동으로 손상이 심했기 때문에, 철판으로 보강해서 내구성이 높아졌다.

옥시벨레스는 한 번 화살을 발사하면 다음 화살을 발사할 때까지 시간이 걸린다는 단점이 있었지만, 각국에서는 옥시벨레스를 대량생산하는 것으로 이러한 약점을 보완했기 때문에, 많은 옥시벨레스가 전장에서 활약했다.

옥시벨레스의 특징

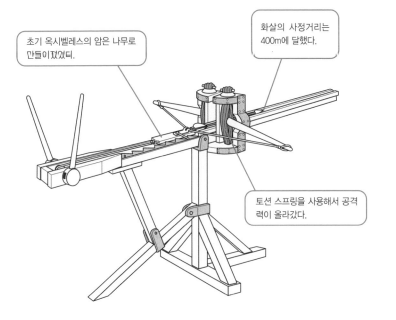

초기 옥시벨레스의 암은 나무로 만들이졌었디.

화살의 사정거리는 400m에 달했다.

토션 스프링을 사용해서 공격력이 올라갔다.

〈로마군의 옥시벨레스〉

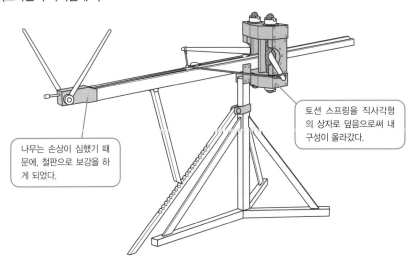

나무는 손상이 심했기 때문에, 철판으로 보강을 하게 되었다.

토션 스프링을 직사각형의 상자로 덮음으로써 내구성이 올라갔다.

관련항목

● 병기를 발전시킨 「토션 스프링」→No.010
● 디오니시우스의 쇠뇌→No.017

알렉산드로스의 「토션 노포」

당대에 대제국 마케도니아 왕국을 세운 알렉산드로스 대왕이 개발한 「토션 노포」는 길이 약 4m에 달하는 거대한 화살을 발사할 수 있었던 거대병기였다.

● 알렉산드로스 대왕이 개발한 강력한 노포

마케도니아에서 개발된 토션 스프링은 병기에 혁신을 가져왔다. 그때까지 인장 스프링을 사용했던 병기보다 위력이 월등히 향상됐기 때문이다. 그리고 이러한 첨단기술을 효과적으로 사용한 것이 바로 마케도니아의 알렉산드로스 대왕이었다.

알렉산드로스가 자주 사용한 것이 토션 스프링을 사용한 쇠뇌였다. 알렉산드로스의 노포는 길이 약 13피트(약 4m)의 화살을 발사할 수 있었으며, 비거리 역시 기존의 병기보다 월등하게 늘어났다.

이렇게 토션 스프링을 사용한 노포는 토션 노포라고 불린다.

알렉산드로스는 토션 노포를 대량생산해서 지상전뿐만 아니라 해전에서도 함선에 실어서 사용했다. 난공불락의 섬 요새인 티로스를 공략할 때도 토션 노포는 마케도니아에 승리를 가져다 줬다.

티로스가 함락된 가장 큰 이유로 알렉산드로스가 펼친 거대 규모의 토목 공사나 공성병기, 페니키아인의 함선을 들기도 하지만, 원거리에서 티로스를 끊임없이 견제할 수 있었던 것은 무엇보다 토션 노포가 있었기 때문에 가능한 일이었다.

토션 스프링을 사용한 노포는 마케도니아가 멸망한 이후에도 그리스나 고대 로마에서 사용되었다. 로마군은 **알렉산드로스의 노포보다 몇 배에 달하는 초거대 노포를 개발**했다. 그 거대한 크기 때문에 노포를 만드는 데도, 또한 장전하는 데도 시간이 걸려서 사용용도가 한정되어 있었다. 주로 대규모 포위전에 사용되었다.

이외에도 궁병의 숫자가 적었던 로마군에서는 **소형 노포도 개발**되었다. 이 소형 노포는 2명의 병사만으로 조작이 가능했기 때문에, 부족한 궁병을 보충하기 위해 야전에서 사용되었다.

알렉산드로스의 토션 노포

토션 스프링을 발명한 마케도니아에서는, 알렉산드로스 대왕이 토션 스프링이라는 첨단 기술을 사용한 「토션 노포」를 개발했다.

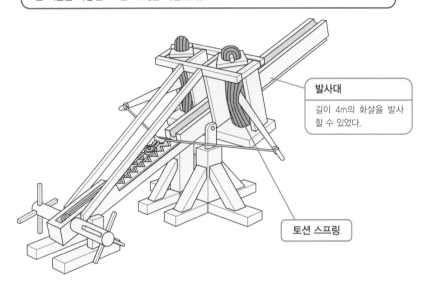

발사대
길이 4m의 화살을 발사할 수 있었다.

토션 스프링

고대 로마의 거대 노포와 소형 노포

<초거대 노포>

<소형 노포>

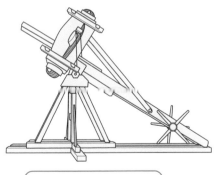

알렉산드로스가 만든 노포보다 몇 배나 더 크다.

2명의 병사가 조작하는 소형 노포.

관련항목
●병기를 발전시킨 「토션 스프링」→No.010

팔라리카, 플룸바타에…여러 가지 창 병기

창은 일반적으로 근접병기이지만, 투척병기로서도 여러 가지로 발전해왔다. 필룸, 아틀라틀, 팔라리카, 플룸바타에…등이 많이 사용되었다.

● 다양하게 발전한 창 병기

'물건을 던진다'라는 원시적인 병기 중의 하나로 창을 들 수 있다. 기원전 3세기경의 고대 로마에서는 병사들이 **필라라는 소형 투척용 창과, 필룸이라는 크고 무거운 투척용 창** 2자루를 장비하고 있었다. 필라는 길이가 1~1.2m이고 무게가 0.8~1.2kg이었다. 필룸은 길이가 2m정도이며 무게는 2kg을 넘는 것이 많았다.

언제부터 창이 투척병기로서 사용되었는지는 알 수 없지만, 후기 구석기시대에는 수렵에서 사용되었던 것 같다. 또한 이 시기에는 **아틀라틀이라는 봉처럼 생긴 발사장비**와 같은 것이 발견되었다. 아틀라틀은 창이나 화살을 장착하기 위한 홈을 만들고, 끝부분을 갈고리 형태로 만들어서 창을 걸도록 되어 있다.

이러한 발사장비를 이용하면 회전하는 팔의 길이를 늘려줄 수 있어서, 창이 날아가는 속도를 증가시키고 사정거리와 위력도 높여준다. 고대 유럽의 각지에서는, 아틀라틀과 같은 구조로 **스피어스로어**라는 도구가 사용되었다. 단 이러한 투창장비에 장착할 수 있는 창은 가벼워야만 했다. 그래서 대부분은 **자벨린이라는 소형 창**이 사용되었다. 자벨린은 필룸보다 더 소형으로, 길이는 약 1m미만이며 무게는 1kg정도다.

투척용 창은 각국에서 다른 이름으로 여러 가지 종류가 만들어졌다. 예를 들어 이베리아에서는 소리펠레움이라는 창이 있었는데, 이 창은 전체가 철로 만들어져 있다. 무겁기 때문에 원거리 투척용으로는 적합하지 않지만, 갑주를 두른 적을 상대하는데 효과적이었다. 이베리아에서는 팔라리카라는 창도 있었으며, 끝부분을 마와 같은 섬유로 감싸고 이 부분에 불을 붙여서 불화살처럼 날렸다고 한다.

투척용 창 이외에도 화살을 던지는 일도 많았는데, 4세기경의 로마 제국에서는 플룸바타에라는 무게추를 단 투척용 화살이 사용되었다는 기록이 남아있다.

투척병기로 활약했던 창

필라

길이 1.0~1.2m

무게 0.8~1.2kg

필룸

길이 약 2m

무게는 2kg 초과

자벨린

길이 1m 미만

무게 약 1kg

스피어스로어

이 부분에 창을 건다

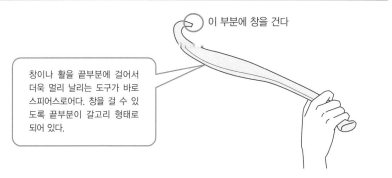

창이나 활을 끝부분에 걸어서 더욱 멀리 날리는 도구가 바로 스피어스로어다. 창을 걸 수 있도록 끝부분이 갈고리 형태로 되어 있다.

관련항목

● 원시적 투석기의 등장→ No.003

51

속도를 중시한 고대 이집트의 전차

전장의 주역이었던 전차는 각 나라에서 발전을 했었지만, 이집트에서는 다른 나라와는 달리 속도를 중시하면서 발전했다. 그리고 이집트의 전차는 점점 경량화가 진행되면서, 동시에 뛰어난 기동성을 확보하는 등 독자적으로 발전했다.

● 속도를 중시한 이집트의 전차

이집트에 전차를 전파한 것은 시리아·팔레스티나 지방에서 온 힉소스인이라고 한다. 이집트에 전해졌을 때는 이미 군용전차로 사용되던 것이었기 때문에 전차부대는 바로 군대의 주력병기가 되었다.

고대 이집트에서 사용된 전차는 다른 나라와는 다른 방향으로 발전했다. 각국이 공격력을 중시하면서 개량을 했지만, **이집트는 속도를 중시**하면서 개량을 했다.

이집트에서 전차의 역할은 주로 궁병의 발사대였기 때문에 히타이트와 같이 방패를 든 병사가 전차에 타는 일은 없었다. 무엇보다 속도를 중시했으며, 그에 맞춰 경량화가 진행되었다.

이집트의 전차는 4개의 바퀴살이 달린 작은 바퀴가 주류로서, 2마리의 말이 끌었고 2명이 탔다. 전차에 걸맞게 탑승하는 병사들도 경장으로, 갑주는 착용하지 않는다. 적진으로 돌격하더라도 아군끼리 충돌하거나 대열을 벗어나는 일 없이, 그 자리에서 반격을 하고 돌아올 수 있었다. 또한 속도가 빨랐기 때문에 적의 궁병들이 제대로 조준하기 어려워서 병사의 생존율도 높았다고 한다.

단, 그 대신에 안정성이나 내구성은 다른 나라의 전차에 비해서 꽤나 떨어졌다. 그래서 전차의 양산이 필요했고, 전차를 수리하는 전문 작업반을 전장에 같이 보내야 했기 때문에 전투에 더 많은 비용이 들었다.

그 후 바퀴살이 6개 달린 바퀴를 사용한 전차도 만들어졌으며, 전차의 경량화는 더욱 더 진행되어 무게 34㎏ 정도의 가벼운 전차도 나왔다. 시대가 지나서 방패병이 탑승하고 갑주나 말 갑옷도 사용하게 되자, 이집트에서도 전차부대는 전장에서 중요한 위치를 차지하게 되었다. 실제로 메기도 전투(기원전 1457년)에서는 1000대가 넘는 전차가 사용되었으며, 카데시 전투(기원전 1285년)에서는 2000대의 전차가 사용되었다.

이집트로 전파된 전차

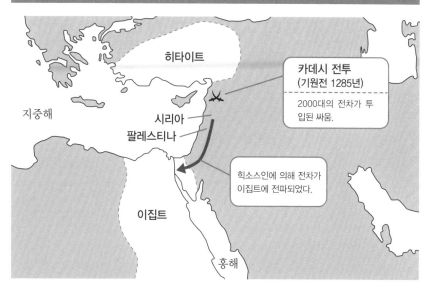

히타이트

카데시 전투
(기원전 1285년)

2000대의 전차가 투입된 싸움.

지중해

시리아

팔레스티나

힉소스인에 의해 전차가 이집트에 전파되었다.

이집트

홍해

이집트 전차의 형태

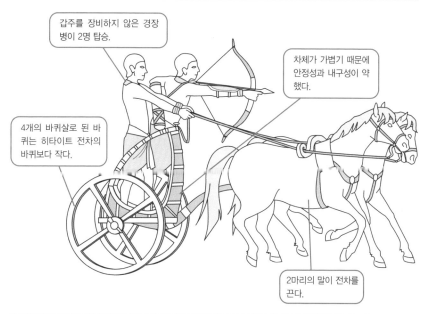

갑주를 장비하지 않은 경장병이 2명 탑승.

차체가 가볍기 때문에 안정성과 내구성이 약했다.

4개의 바퀴살로 된 바퀴는 히타이트 전차의 바퀴보다 작다.

2마리의 말이 전차를 끈다.

관련항목

● 전차의 기원 · 배틀 카→ No.005
● 세계에서 가장 오래된 전차전 · 카데시 전투→ No.026

3000년 전부터 사용된 아시리아의 전차

기원전 10세기라는, 아주 오래 전부터 전차를 사용했던 아시리아. 처음에는 전장까지의 교통수단으로 사용되었지만, 시간이 지날수록 병기로 사용되고, 점차 무게도 늘어났다.

● 세월이 지날수록 무거워진 아시리아의 전차

전차는 여러 나라에서 사용되었으며, 각 나라별로 각각의 특징에 맞춰서 제작되었다. 아시리아에서 언제부터 전차가 사용되었는지는 확실하지 않지만, 기원전 10세기경의 릴리프에 전장을 질주하는 전차가 그려져 있다. 아시리아의 전차는 처음에는 신분이 높은 사람이 전장까지 가기 위한 교통수단으로 사용되었으며, 지위에 따라서 마차를 끄는 말이 2마리인지 4마리인지가 결정된다.

그러한 용도로 사용되었던 전차가, 이윽고 전장에서 활약하기 시작한 것이다. 초기에는 말 3마리가 끄는 3인승 전차였다. 운전수, 궁병, 방패병 등 3명이 탑승하고, 전장을 일직선으로 내달리며 그 사이에 궁병이 적진을 향해 활을 쏘는 방법으로 싸웠다.

기원전 9세기경이 되자 적의 공격으로부터 말을 보호하기 위해, 가슴띠나 목띠로 고정하는 말 갑옷을 말에 입힌 전차도 등장했다. 게다가 전차에 탑승하는 병사들도 갑옷이나 갑주를 껴입게 돼서 무게가 늘어났기 때문에 전차의 기동력은 저하되었다.

이 시기에는, 그때까지 주류였던 **4개의 바퀴살이 달린 바퀴가 8개의 바퀴살이 달린 바퀴로 바뀌게 되어서 전차는 더욱 커지고** 차체 또한 무거워졌다. 그래서 주로 4마리의 말이 끄는 전차가 많이 사용되었다.

그 후에 기원전 7세기가 되자, 바퀴는 더더욱 커지게 되고 전차의 높이도 높아졌다. 방패병이 1명 늘어서 4인승이 되었고, 기동성이 더욱 저하되었다. 그래서 병사들과 말의 방어력도 중시하게 되면서, 병사들은 부츠를 신고 정강이 보호대를 착용했다. 말 갑옷 역시 두꺼운 천으로 튼튼하게 만들어지게 되었다.

하지만 말의 조종기술은 발달했기 때문에, 이 무렵에는 운전수뿐만 아니라 병사들도 말고삐를 잡으며 활약했다.

아시리아 전차의 진화

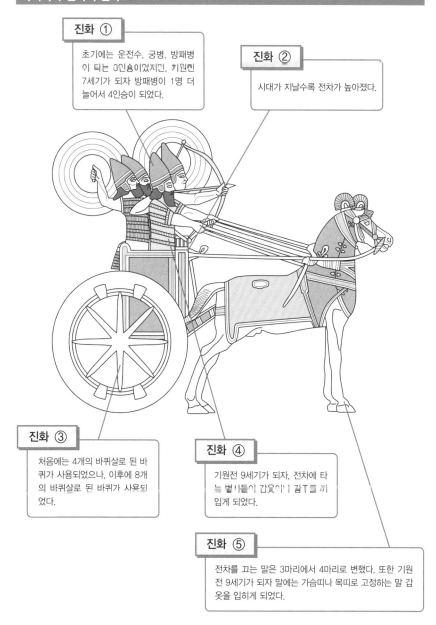

진화 ①

초기에는 운전수, 궁병, 방패병이 타는 3인승이었지만, 기원전 7세기가 되자 방패병이 1명 더 늘어서 4인승이 되었다.

진화 ②

시대가 지날수록 전차가 높아졌다.

진화 ③

처음에는 4개의 바퀴살로 된 바퀴가 사용되었으나, 이후에 8개의 바퀴살로 된 바퀴가 사용되었다.

진화 ④

기원전 9세기가 되자, 전차에 타는 병사들이 갑옷이나 갑주를 껴입게 되었다.

진화 ⑤

전차를 끄는 말은 3마리에서 4마리로 변했다. 또한 기원전 9세기가 되자 말에는 가슴띠나 목띠로 고정하는 말 갑옷을 입히게 되었다.

관련항목
● 전차의 기원·배틀 카→ No.005
● 고대 그리스와 다른 나라의 전차 형태→ No.025

다른 나라와는 달리 특이한 페르시아의 전차

지중해 세계에 일대제국을 건설한 페르시아 제국에서도 물론 전차가 사용되었으며, 그중에서는 「낫전차」라 불리는 전차가 등장했다. 그러나 실제 전장에서는 그렇게 효과적이지 못한 병기였던 것 같다.

● 다른 나라에서는 찾아볼 수 없는 전차·낫전차

전차가 여러 가지 형태로 발전해 가던 와중에, 고대 페르시아에서 이색적인 전차가 등장했다. 바로 **낫전차**다.

낫전차는 기원전 401년의 쿠낙사 전투에서 처음으로 등장했다. 고대 페르시아와 고대 그리스와의 전투에서, 그리스 쪽에서 참전했던 크세노폰이라는 역사가가 낫전차에 대해서 기록했다.

그의 기록에 의하면 낫전차는 4마리의 말이 끄는 중전차로 양쪽 바퀴의 차축에 길이 1m정도의 긴 날의 검이 설치되어 있어서 스쳐 지나가기만 해도 상대방을 베어내는 구조다. 게다가 차 바퀴(혹은 차체)의 밑에도 여러 개의 검이 달려있어서 전차 밑으로 깔린 적 병사를 죽일 수 있게 만들어져 있다. 양쪽 바퀴에서 튀어나온 검이 낫처럼 보인다고 해서 낫전차라고 불렸다.

낫전차는 전속력으로 적진에 돌격해서 당황한 적의 진형을 흩트리고 여기에 후속부대가 동시에 진격해 들어간다는 운용사상이었지만, 시나리오대로 운용이 된 적은 거의 없었다고 한다.

그 이유는 낫전차의 모습이 전장에서 너무나도 눈에 잘 띄었기 때문이다. 그래서 적들은 전장에 도착하자마자 낫전차를 발견하게 된다. 일단 발견하고 나면 기동성도 없이 직진밖에 못하는 낫전차를 피하는 것은, 어느 정도 훈련을 한 군대라면 그렇게 어려운 일이 아니었다.

그래도 페르시아는 몇 번인가 낫전차를 전장에 투입했다. 기원전 331년의 가우가멜라 전투에서는 200대의 낫전차를 준비했지만, 알렉산드로스 대왕이 이끄는 마케도니아 군에는 통하지 않았다. 하지만, 고대 페르시아가 낫전차만을 사용한 것은 아니었으며, 1인승의 2륜전차인 체리엇도 사용했었다. 이 체리엇은 제대로 전과를 올렸었다.

낫전차의 특징

전차는 각국에서 여러 가지 형태로 발전되었는데, 고대 페르시아에서 나타난 전차는 낫전차라는 특이한 형태의 전차로 발전했다.

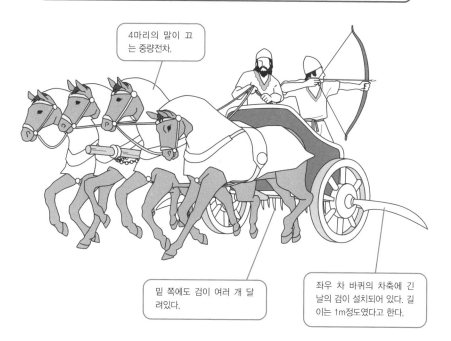

4마리의 말이 끄는 중량전차.

밑 쪽에도 검이 여러 개 달려있다.

좌우 차 바퀴의 차축에 긴 날의 검이 설치되어 있다. 길이는 1m정도였다고 한다.

낫전차의 단점

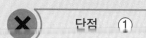

단점 ①

상대방을 당황하게 만들어서 적진을 흩트려놓는다는 전략을 사용했지만, 낫전차의 풍모가 너무나도 눈에 잘 띄기 때문에, 적군은 전장에 도착하자마자 낫전차를 발견할 수 있었다.

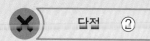

단점 ②

낫전차는 기동성이 떨어지고 직진밖에 할 수 없었기 때문에, 적군에게 발각되면 거의 효과가 없었다.

관련항목

● 전차의 기원 · 배틀 카→ No.005
● 고대 그리스와 다른 나라의 전차 형태→ No.025

고대 그리스와 다른 나라의 전차 형태

전차를 발명했다고 알려진 수메르, 지중해 세계의 패권을 차지한 고대 그리스 지방, 메소포타미아에서 번창한 히타이트, 고대 이집트에 정착한 필리시티아인 역시 전차를 사용했다. 그들이 사용한 전차는 과연 어떤 전차였을까?

● 유럽 각국의 전차 사용법

아시리아, 페르시아, 이집트 이외의 나라에서도 전차가 전장의 주역이었던 시대가 있었다. 그중에서도 전차를 처음 발명해서 오랫동안 전차를 사용했던 것이 메소포타미아 지방에 나타난 수메르였다.

수메르의 전차는 전투용이라기보다는 운송용으로 사용되었다. 당시 전차의 바퀴에는 바퀴살이 없었으며 통나무를 둥글게 자른 것을 바퀴로 사용했다. 그리고 말이 아닌 4마리의 당나귀가 전차를 끌었다.

수메르와 마찬가지로 전차를 수송용으로 사용했던 곳이 미케네 시대의 그리스다. 그리스 주변의 토지는 기복이 심해서 전차가 전장에서 질주할 만한 환경이 아니었기 때문에, 미케네 시대뿐만 아니라 그리스 주변에서는 전차전이 발전하지 않았다.

미케네 시대의 전차는 2마리의 말이 끄는 2륜전차로 운전수와 궁병이 타고 있었다. 그들은 전차로 전장까지 간 후, 적을 앞에 두고 전차에서 내려 보병으로 싸웠다. 그리고 전선에서 이탈할 때는 다시 전차에 타고 자신들의 진영으로 돌아갔다.

지금의 터키 지방에서 번영한 **히타이트**에서는 2마리의 말이 끄는 3인승(운전수 1명, 병사 2명)의 2륜전차가 사용되었다. 바퀴에 바퀴살을 단 것은 히타이트가 최초라고 한다. 또한 그때까지 차체 중앙 부근에 달려있던 차 바퀴를 뒤쪽에 설치한 것도 히타이트가 처음이라고 한다.

이외에도 바빌로니아나 중국, 이집트로 흘러 들어간 필리시티아인 역시 전차를 전장에 투입했다는 기록이 남아있다. 필리시티아인의 전차는 2마리의 말이 끄는 3인승으로서 다른 나라의 전차보다 차체가 작으며 부품의 일부분에는 철이 사용되었다고 한다.

수메르에서 사용한 전차의 형태

전투용이라기보다는 운송용으로 많이 사용되었고, 4마리의 당나귀가 마차를 끌었다.

바퀴는 나무로 만들어졌으며 바퀴살은 없었다.

히타이트에서 사용한 전차의 형태

운전수가 1명, 병사가 2명인 합계 3인승이었다.

2마리의 말이 끌었다.

바퀴살이 달린 바퀴를 고안한 것이 바로 히타이트인이라고 전해진다.

바퀴를 차체 후방에 설치한 것으로 더욱 효율이 좋아졌다.

관련항목
● 전차의 기원·배틀 카→ No.005
● 3000년 전부터 사용된 아시리아의 전차→ No.023

세계에서 가장 오래된 전차전 · 카데시 전투

기원전 1285년에 중동의 패권을 걸고 벌어졌던 카데시 전투는 세계에서 가장 오래된 전차전이다. 전장에는 중후한 전차가 양쪽 다 합쳐 5500대가 모여서 격돌했다.

● 양쪽 합쳐서 5500대의 전차가 격돌

전차가 전장에서 주역으로 활약했을 때의 상세한 기록이 남아있는 전투가 있다. 그것이 바로 **세계에서 가장 오래된 전차전이라고 알려진 카데시 전투**다. 카데시 전투는 대량의 전차를 전장에 투입하고 전술을 사용하여 싸웠다는 점에서 유명한 전투다.

카데시 전투는 기원전 1285년, 이집트와 히타이트 간에 발발한 전투다. 이때 전장에 투입된 전차의 숫자는 이집트군이 2000대, 히타이트군이 3500대라고 알려져 있다. 총합 5500대의 전차가 전장을 질주했다는 것이다.

홍해를 끼고 지중해 연안에 있는 히타이트의 요새인 카데시가 전장이 되었다. 이집트군은 국왕인 람세스2세가 직접 지휘를 했으며, 히타이트군 역시 국왕인 무와탈리스가 최전선에서 지휘를 했다.

히타이트군이, 카데시를 향해 전진해오는 이집트군에 대한 기습을 성공시켜서 이집트군은 혼란에 빠졌다. 그러나 람세스2세는 과감히 싸우면서 냉정하게 전국을 꿰뚫어 보고, 히타이트군의 비교적 약한 부대를 파악한 후, 전차부대의 일부만을 이끌고(일부라고 하더라도 500대 정도의 대규모 부대였다) 약한 부대에 집중해서 반격을 했다. 무와탈리스 왕은 1000대의 예비 전차대를 람세스2세가 이끄는 전차대로 돌격시켰지만, 그때 이집트군의 원군인 나아룬군이 나타나서 이집트군의 숙영을 쑥대밭으로 만들고 있던 히타이트군을 물리치고, 여기에 전장에 늦게 도착한 이집트 전차대의 일부가 합류함으로써 히타이트군은 후퇴를 했다. 그러나 이집트군의 손해도 컸기 때문에 람세스2세는 카데시 공략을 포기하고 군을 후퇴시켰다.

결국 카데시 전투는 양쪽이 비기는 형태로 마무리되었으며, 사상 최초의 강화조약을 맺고 전쟁은 종결되었다.

카데시 전투

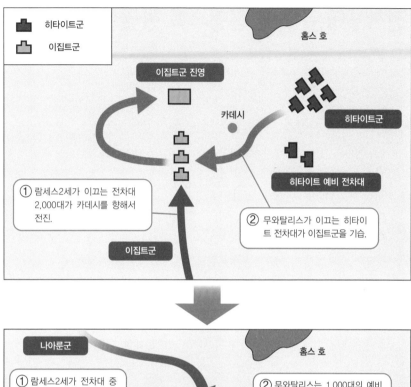

히타이트군

이집트군

홈스 호

이집트군 진영

카데시

히타이트군

히타이트 예비 전차대

① 람세스2세가 이끄는 전차대 2,000대가 카데시를 향해서 전진.

이집트군

② 무와탈리스가 이끄는 히타이트 전차대가 이집트군을 기습.

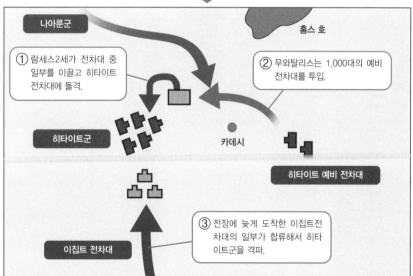

나아룬군

홈스 호

① 람세스2세가 전차대 중 일부를 이끌고 히타이트 전차대에 돌격.

② 무와탈리스는 1,000대의 예비 전차대를 투입.

히타이트군

카데시

히타이트 예비 전차대

이집트 전차대

③ 전장에 늦게 도착한 이집트전 차대의 일부가 합류해서 히타이트군을 격파.

관련항목

● 속도를 중시한 고대 이집트의 전차→ No.022
● 전차부대는 어떤 진형으로 싸웠는가 ? → No.027

전차부대는 어떤 진형으로 싸웠는가?

전차는 전쟁의 주력병기로서 항상 진형의 맨 앞에 배치되었다. 양쪽의 군대가 일렬횡대로 전차를 세워놓아서 전차끼리 서로 마주보는 형태로 포진을 했다. 보병부대나 투척부대는 후방에서 지원을 했다.

● 일직선으로 적진을 향해 돌진하는 전차부대

고대의 전차는 급작스런 방향전환이 어려웠기 때문에 말하자면 앞만보고 달리는 형태였다. 앞으로만 달리다가 적과 스쳐 지나갈 때 전차에 타고 있던 병사가 화살을 쏘거나 창으로 공격하는 것이 일반적이었다.

그래도 역시 전차는 전장에서 매우 중요한 존재였다. 단, 대부대의 전차를 전장에 보내서 사용할 때는 **체계가 잡힌 진형이나 전술이 필요했다.** 제멋대로 전차가 전장에서 마구 돌아다니면, 무엇보다 같은 편끼리 부딪힐 위험성이 있기 때문이다.

대부분의 경우에 전차부대는 전차끼리의 충돌을 피하기 위해 일정한 간격(차량의 길이 정도)으로 벌리고 일렬횡대로 최전선에 배치되었다. 적군도 마찬가지로 포진했기 때문에 양쪽의 전차가 서로를 마주보는 형태가 된다.

그리고, 양쪽의 군대가 적진을 향해 돌진하기 시작하고 일직선으로 적진을 돌파한다. 그리고 나서 부대 전체가 방향을 바꿔서 돌진해왔던 방향으로 다시 적진을 돌파한다.

이렇게 몇 번인가 돌진을 반복하면서 적진이 무너지는 것을 보고, 투척부대가 후방에서 지원을 하면서 보병부대가 백병전을 벌인다.

기원전 1457년의 메기도 전투에서는 고대 이집트군과 이집트에 반기를 든 가나안군이 격돌했다. 이때 이집트 군은 최전선에 전차를 배치하고, 전투가 시작되자마자 전차부대가 일직선으로 돌격했다. 그리고 혼란에 빠진 가나안군을 향해서 전차부대에서 수많은 화살이 발사되었다. 이집트군 전차부대의 위용과 기세에 눌린 가나안군의 사기는 떨어지고 눈 깜짝할 사이에 패배했다고 한다.

기원전 331년에 발발한 가우가멜라 전투에서는 페르시아군이 낫전차부대를 3개 부대로 나눠 최전선에 배치하고 마케도니아군과 대치했었다.

전차부대의 진형

전장에서 중요한 존재였던 전차부대는, 각각의 전차가 제멋대로 폭주를 하면 아군끼리 충돌을 할 우려가 있었기 때문에 체계가 잡힌 진형이 필요했었다.

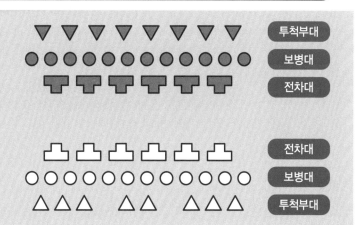

투척부대

보병대

전차대

전차대

보병대

투척부대

전차부대는 최전선에 투입되어 일렬횡대로 배치되었다. 전차부대의 후방에 보병대나 투척부대가 진을 치고 있다. 상대방 역시 같은 식으로 포진을 하기 때문에 전차부대가 서로 마주보면서 대치를 한다.

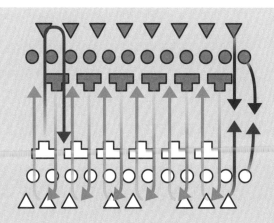

적진을 향해 일직선으로 돌진하는 전차부대는 적진을 돌파한 후에, 부대 전체가 방향을 바꿔서 다시 적진으로 돌진한다. 이렇게 돌격을 몇 번 반복하면서 적진에 빈틈이 생기면 후방부대가 백병전을 벌인다.

관련항목
● 다른 나라와는 달리 특이한 페르시아의 전차→No.024
● 세계에서 가장 오래된 전차전·카데시 전투→No.026

해상병기로 활약한 3단노선

현대와 마찬가지로 고대시대의 전투 역시 육지뿐만 아니라 바다에서도 치러졌다. 해상에서의 주력병기로 활약한 것이 갤리선이라 불리는 군선이었다. 그중에서도 뛰어난 속도를 보유한 3단노선의 발명은 획기적인 것이었다.

● 중세시대까지 사용된 전함

페니키아인이 발명한 갤리선은 이른바 2단노선이었다. 갤리선의 제작방법을 입수해서 그리스의 **아테나이에서 건조된 것이 3단노선**이다.

3단노선의 최대 특징은 무엇보다 빠르다는 것이다. 사람의 힘을 이용해서 움직이는 당시의 배는 노잡이를 늘리면 당연히 속도가 빨라졌기 때문에, 3단노선은 최대 170명의 승무원이 배에 타고 있었으며 그중에 85%가 노잡이였다. 그 결과 최대 7노트(시속 약11㎞)로 주행을 했다고 한다. 돛대도 설치되어 있었지만 전투 시에는 속도를 내기 위해 접는 것이 일반적이었다.

3단노선은 노잡이의 좌석을 위아래 3단으로 배치했기 때문에 속도를 올릴 수 있었다. 초기에는 3단을 일렬로 배치했지만, 이렇게 배치를 하면 선체가 매우 높아져서 안정성을 확보할 수 없었기 때문에 노잡이가 엇갈리게 앉도록 구조가 바뀌었다. 또한, 각 열의 배치를 대각선으로 틀어주는 방법도 있다.

그리스의 3단노선은 트라이림이라고도 불렸으며, 길이 36m, 폭6m로 선체가 꽤나 길쭉했고 선체 앞쪽에는 충각이 달려있었다.

당시의 해전에서는 함선으로 들이받아서 상대방의 배를 부수거나, 아니면 배를 옆으로 대서 백병전을 치르는 전법이 사용되었다. 따라서 속도가 매우 중요했으며 3단노선은 이러한 점에 있어서 가장 우수한 성능을 갖춘 전함이었다.

그러나 3단노선은 건조하는데 막대한 비용이 들었고, 또한 노잡이의 훈련도 필요했기 때문에 어느 나라에서나 손쉽게 사용할 수 있는 배가 아니었다. 페니키아인이 3단노선 건조에 많은 공헌을 했지만, 해군이라는 조직을 가지지 않았던 것은 이러한 이유가 있었기 때문이다.

그 후에 3단노선은 페르시아 제국 해군의 주력함이 되었고, 중세시대의 갈레아스선이 개발될 때까지 해전에서 활약했다.

당시의 3단노선

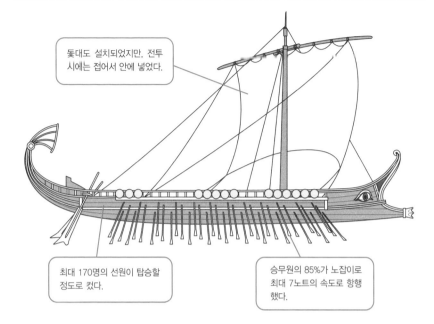

돛대도 설치되었지만, 전투 시에는 접어서 안에 넣었다.

최대 170명의 선원이 탑승할 정도로 컸다.

승무원의 85%가 노잡이로 최대 7노트의 속도로 항행했다.

3단노선의 구조

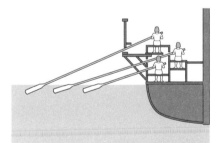

▲ 엇갈리게 앉은 구조

처음에는 위아래 한 줄로 자리를 잡고 노를 저었지만, 이 경우 선체가 매우 높아져서 안정성이 부족해지기 때문에 노잡이를 엇갈리게 앉혀서 선체를 가능한 한 낮게 만들 수 있는 구조로 바뀌었다.

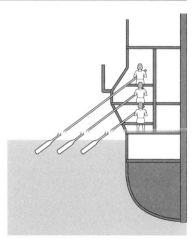

▲ 위아래 한 줄로 자리를 잡은 모습

관련항목

- 해상병기 「갤리선」의 발달→No.011
- 3단노선의 발전형·5단노선의 등장→No.032

해상 전투를 유리하게 가져가기 위한 병기·충각

해상 전투에서는 배끼리 부딪히는 경우가 대부분이기 때문에 부딪혔을 때, 적의 함선에 더 많은 데미지를 주는 것이 중요하다. 그래서 발명된 것이 바로 충각이다.

● 적 함선에 들이받기 위한 병기

화기가 없었던 고대 해전에서 적 함선을 파괴하려면 직접 들이받는 방법밖에 없었다. 그래서 발명된 병기가 바로 **충각**이다. 충각을 발명한 것이 어느 나라인지는 알려져 있지 않지만, 아마도 고대 그리스나 고대 로마일 것이라 추측된다.

충각이란 배의 맨 앞쪽에 장착하는 끝부분이 뾰족한 병기로, 적함에 들이받아 선체에 구멍을 내서 전복시키는 역할을 했다. 대부분 금속으로 제작되었으며, 주로 갤리선에 설치되어 맹위를 떨쳤다.

충각을 달고 적 함선을 들이받는 경우, 공격한 쪽에도 상당한 데미지가 있기 때문에 배를 건조할 때 충각 공격으로 생기는 격렬한 충격을 버틸 수 있는 건조법이 요구되었다. 특히 그리스에서는 충각에 의한 돌격을 즐겨 사용했는데, 정면에서 충각 공격을 감행하는 부대와 적의 뒤로 돌아서 후방에서 충각으로 들이받는 부대가 있었으며 전장에서는 이 2부대가 적진을 휘젓고 다녔다. 로마의 갤리선에는 충각 이외에도 돌로 만든 것처럼 보이게 위장한 목제 탑을 설치했는데, 병사들은 이 탑을 방패로 적 함선에서 발사된 화살이나 투석탄 공격을 막아냈다.

또한 이집트의 갤리선은 로마와 그리스의 갤리선과는 다르게 충각이 약간 위를 향하게 설치했다. 이것은 적 함선을 파괴하는 것보다 침몰시키는 것에 주안점을 둔 것으로, 흘수선(선체가 물에 잠기는 한계선)보다 훨씬 높은 위치를 찌르기 위해서였다.

이외에도 적 함선에 돌격한 다음 떼어낼 수 있는 충각도 있었다.

충각을 효과적으로 사용하기 위해서는 속도와 타이밍이 중요했기 때문에, 노잡이의 숙련도가 그대로 전력차가 되었다. 충각을 장비한 갤리선이 활약한 전투에는, 기원전 480년에 발발한 살라미스 해전이 유명하다.

충각의 설치

화기가 없었던 고대시대에는 함선 간의 전투를 유리하게 만들기 위해 「충각」이라는 병기가 개발되었다.

충각

앞부분이 뾰족하게 튀어나온 금속제 병기로 함선의 앞쪽 끝부분에 장착되었다. 적 함선에 들이받아 충각의 충격으로 함체에 구멍을 내서 적 함선을 침몰시켰다.

목제 탑

로마의 갤리선에는 충각 이외에도, 돌로 만든 것처럼 보이게 위장한 목제 탑이 설치되었다. 병사들은 이 탑을 방패 삼았다.

노

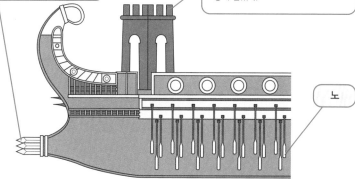

이집트의 충각 공격

이집트의 해군은 로마나 그리스보다 높은 위치에 충각을 설치했었다. 이로 인해 흘수선보다 훨씬 높은 위치를 찌를 수 있었다.

관련항목
●해상병기 「갤리선」의 발달→No.011
●해상병기로 활약한 3단노선→No.028
●충각전법, 페리플루스와 디에크플루스→No.030

충각전법, 페리플루스와 디에크플루스

충각을 달았다 하더라도 그냥 무작정 들이받으면 되는 것이 아니다. 충각이라는 병기를 효과적으로 사용하기 위한 진형이 페리플루스와 디에크플루스다. 여기서는 이 2개의 진형을 해설하도록 하겠다.

● 충각을 효과적으로 사용하기 위한 전법

충각을 단 전함이 해전에서의 승리에 기여했다는 최초의 기록은 기원전 535년(혹은 기원전 540년)의 알라리아 해전이다. 이것은 카르타고와 에트루리아가 연합해서, 해적질을 일삼던 그리스의 식민 도시인 알라리아와 싸운 해전이다.

당시 그리스의 각 폴리스는 해군을 증강하고 있었기 때문에 카르타고와 에트루리아 연합군의 해군을 월등히 앞서고 있었다. 그중 하나가 충각을 효과적으로 사용하는 전법이었다.

충각선 전법에는 2가지가 있었는데, 그중에 **고전적인 진형이 페리플루스**다. 페리플루스는 「돌아 들어간다」라는 의미다. 이것은 문자 그대로 상대방의 측면으로 돌아 들어가서 적 함선의 측면에 충각으로 들이받는 전법이다. 페리플루스는 간단하면서 신속하게 전투를 끝낼 수 있었기 때문에 그리스뿐만 아니라 카르타고에서도 채용되었었다.

다른 한가지 전법이 디에크플루스다. 당시에 오직 그리스만이 사용했던 획기적인 전법이었다. 아군 함대를 일렬종대로 짠 다음 적진으로 돌격해서 적 함선의 노에 피해를 준다. 그리고 적진 안에서 방향을 틀어서 혼란에 빠진 상대의 후방을 충각으로 들이받는 전술이었다.

디에크플루스는 「완전돌파」라는 의미로, 이 전법을 성공시키기 위해서는 고도의 조종기술이 필요했기 때문에 상당한 훈련이 요구되었다. 또한 기동성이 높은 함선을 조직적으로 지휘하는 능력도 필요했다.

기원전 535년 고대 그리스의 도시 중 하나인 알라리아는 디에크플루스를 구사해서 2배 가까운 함선으로 대항했던 카르타고와 에트루리아 연합군에 맞서서 승리를 거두었다.

전술①페리플루스

고전적인 충각선 전법이다. 상대의 측면으로 돌아 들어가서 적 함선의 측면을 충각으로 들이받아 침몰시키다. 적 함선보다 먼저 행동을 할 필요가 있다.

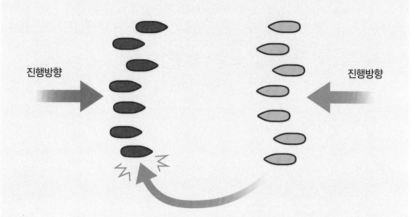

진행방향

진행방향

전술②디에크플루스

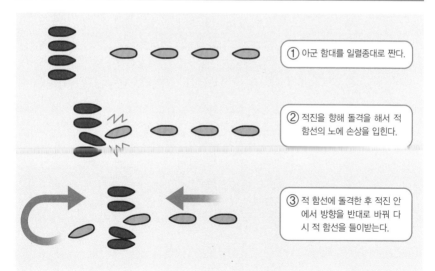

① 아군 함대를 일렬종대로 짠다.

② 적진을 향해 돌격을 해서 적 함선의 노에 손상을 입힌다.

③ 적 함선에 돌격한 후 적진 안에서 방향을 반대로 바꿔 다시 적 함선을 들이받는다.

3단노선의 대표적인 전투 · 살라미스 해전

기원전 480년에 일어난 살라미스 해전은 3단노선 간에 일어난 최초의 대규모 해전이다. 이 전투는 충각이라는 병기를 장착한 해전병기 간의 전투였다.

● 3단노선 간의 대표적인 전투 · 살라미스 해전

지금의 이란에서 이집트 북부까지를 제압하고 고대 오리엔트를 통일한 강대국 페르시아(아케메네스 왕조)는 드디어 지중해 세계로 침공을 개시했다. 그리고 기원전 480년 그리스의 각 도시 아테나이, 스파르타, 아이기나, 카르키스, 낙소스 등이 연합해서 페르시아의 대군을 살라미스 섬 앞바다인 살라미스 해협에서 공격했다.

살라미스 해전에서는 양쪽의 3단노선이 맹활약을 펼쳤다. 그리스 연합군의 3단노선의 숫자는 366척이었고 페르시아군의 3단노선은 무려 1200척에 달했다. 양쪽 다 해군으로서 조직은 완성되어 있었지만, 3단노선의 질이라는 면에 있어서는 선박 건조의 1인자인 페니키아인을 우방으로 둔 페르시아군 쪽이 우세했다. 즉 페르시아군의 3단노선은 그리스보다 더욱 가볍게 만들어져 있어서 속도가 빨랐다.

3단노선은 속도를 중요하게 여겼기 때문에, 예를 들어 배 위의 병사들이 창을 던지기 위해 중심을 뒤로 기울이는 것만으로도 균형이 무너질 정도로 예민한 배였다. 이러한 부분에 대응하기 위한 훈련 역시 페르시아군 쪽이 더욱 철저했었다. 즉 그리스 연합군은 절대적으로 불리한 상황이었다. 그러나 살라미스 해전은 좁은 살라미스 해협으로 페르시아 함대를 유도한 그리스군의 승리로 끝이 났다. 대군을 이끌고 의기양양하게 해협으로 돌격한 페르시아 함대는 좁은 해협에서 제대로 움직일 수 없게 되었고, 이어진 그리스 연합군의 협공에 아무것도 하지 못했다.

살라미스 전투는, 3단노선의 약점과 장점을 양쪽 다 적절하게 사용한 그리스 연합군의 전략에 의한 승리였다. 맹위를 떨쳤던 3단노선의 약점이란 배의 움직임이 조류에 좌우된다는 점이었다. 자신들의 앞마당과 같았던 살라미스 해협의 조류를 읽는 기술은 그리스 연합군이 더욱 뛰어났던 것이다.

살라미스 해전

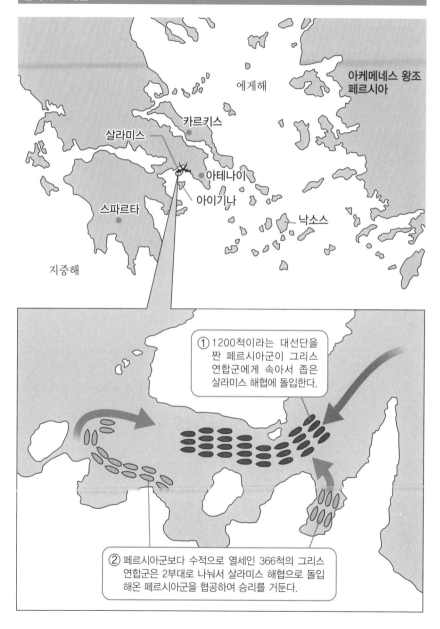

에게해

아케메네스 왕조
페르시아

카르키스

살라미스

아테나이

아이기나

스파르타

낙소스

지중해

① 1200척이라는 대선단을
짠 페르시아군이 그리스
연합군에게 속아서 좁은
살라미스 해협에 돌입한다.

② 페르시아군보다 수적으로 열세인 366척의 그리스
연합군은 2부대로 나눠서 살라미스 해협으로 돌입
해온 페르시아군을 협공하여 승리를 거둔다.

관련항목
● 해상병기 「갤리선」의 발달 →No.011
● 해상병기로 활약한 3단노선→No.028
● 해상 전투를 유리하게 가져가기 위한 병기 · 충각→No.029

3단노선의 발전형 · 5단노선의 등장

3단노선이 해상을 지배하게 되자 '3단노선보다 더 큰 것을 만들자'라고 생각하는 것이 자연스러운 흐름이었다. 그래서 등장한 것이 5단노선이다. 승무원을 포함한 420명이 탑승하는 대형 군 함선이 해상에 나타났다.

● 3단노선을 대형화한 군 함선

3단노선이 해상을 석권하자 자연스럽게 3단노선 이상의 성능을 보유한 함선의 개발로 이어졌다. 그래서 발명된 것이 기원전 4세기~기원전 3세기경 카르타고에서 나온 **5단노선**이었다.

5단노선을 건조하게 된 계기는, 해상전이 잦아져서 함선에 투석기를 탑재할 필요성이 증가했지만, 3단노선으로는 투석기의 무게를 버틸 수가 없었기 때문인 것으로 생각된다. 마케도니아에서는 알렉산드로스 대왕이 죽은 후 얼마 지나지 않아 함선의 대형화가 진행되었다고도 한다.

해전에서 효과적으로 5단노선을 조종한 것은 카르타고였다. 5단노선은 420명의 인원을 수용할 수 있을 정도로 거대했으며, 그중 300명은 노잡이였다.

5단노선은 노받이가 5단으로 되어있는 것이 아니라 2개의 노를 5명이 젓는(5명이 1개의 노를 젓는 경우도 있었다)다는 의미다.

그 후 기원전 3세기가 되고, 카르타고와 대치하게 된 로마가 카르타고에서 나포한 5단노선을 견본으로 삼아 자국에서도 건조하게 되었다. 로마의 5단노선에는 가볍긴 하지만 투석기가 설치되었다. 이 때문에 카르타고의 5단노선보다 속도가 떨어졌다.

이것은 카르타고에 비해 해군의 훈련이 모자란 것을 자각한 로마인이 조타기술을 따라잡는 대신에 다른 병기를 준비한 결과였다. 이렇게 투석기를 탑재한 로마군의 함선에 충각은 불필요한 것이었다.

5단노선은 3단노선과 함께 해전에서는 없어서는 안 될 해상병기로 발전해서, 로마해군은 3단노선에 의한 충각공격과 5단노선에 의한 투석공격이라는 2중의 공격방법으로 결국 지중해 패자의 자리를 차지하게 된다.

5단노선의 구조

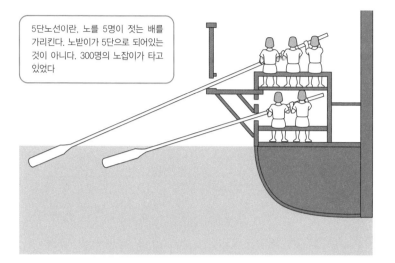

5단노선이란, 노를 5명이 젓는 배를 가리킨다. 노받이가 5단으로 되어있는 것이 아니다. 300명의 노잡이가 타고 있었다

5단노선의 특징

1 병기를 탑재

3단노선보다 크기가 커졌기 때문에 투사병기를 탑재할 수 있게 되었다. 로마의 5단노선에는 가벼운 투석기가 설치되었다.

2 승무원의 증가

5단노선은 총 420명의 인원을 수용할 수 있었다. 그중에 300명이 노잡이였다고 한다.

3 스피드 다운

노잡이의 숫자는 늘어났지만, 크기가 커진 것과 투석기를 탑재한 것이 원인으로 3단노선보다 속도가 느려졌다.

4 카르타고와 로마

기원전 4세기 이후 다투게 된 카르타고와 고대 로마가 5단노선을 보유했다. 카르타고에는 전성기 때 360척의 5단노선이 있었다고 한다.

관련항목

● 해상병기 「갤리선」의 발달→No.011　　　● 갤리선의 최종 진화형이라고 할 수 있는 10단노선의 실태→No.033
● 3단노선의 대표적인 전투·살라미스 해전→No.031

갤리선의 최종 진화형이라고 할 수 있는 10단노선의 실태

3단노선에서 5단노선으로 진화한 갤리선은, 고대 로마 제국에서 10단노선이 건조됨으로써 최고 절정기를 맞이한다. 10단노선은 갤리선의 최종 진화형이라고도 할 수 있는 군 함선이었다.

● 갤리선의 최고봉

갤리선은 3단노선, 5단노선으로 계속 진화했다. 그리고 알렉산드로스 대왕이 죽고 난 후, 마케도니아에서 발발한 내란시대(기원전 323년 이후) 때는 6단노선, 7단노선이 건조되었다고 한다.

이러한 거함주의의 절정은 **고대 로마가 건조한 10단노선**이다. 10단노선 역시 5단노선과 마찬가지로 1개의 노를 복수의 노잡이(최대 10명)가 조종하는 것으로, 노잡이의 숫자가 증가한 것뿐이지만, 그만큼의 인원을 수용할 수 있을 정도로 거대해졌다.

로마군이 건조한 10단노선은 길이 13.7m, 흘수 2.1m, 노의 길이는 12.2m에 달했으며 노잡이는 약 600명이 필요했다. 5단노선에는 2~3대의 투석기가 탑재된 반면, 10단노선에는 최대 6대의 투석기를 탑재할 수 있었다.

10단노선은 그때까지의 갤리선보다 민첩한 동작이 어려웠다는 점에서 기동성은 떨어졌지만, 속력이나 파괴력은 더 뛰어났다. 기원전 31년에 발발한 악티움 해전에서 10단노선이 실제로 사용되었다고 한다.

카이사르가 죽은 후 로마는 3두정치의 시대에 돌입하고 옥타비아누스와 안토니우스의 대립이 격화됐다. 이 두 사람이 격돌한 최후의 전투가 악티움 해전이다. 이때 5단노선을 주력으로 한 옥타비아누스군에 맞서서 안토니우스는 10단노선을 여러 대 사용했다.

10단노선에는 하르파르고라는 갈고리 모양의 작살이 있어서, 이것을 적 함선에 걸고 백병전을 시작하거나 그대로 전복시키기도 했다. 또한 거대한 함선의 크기를 이용하여 전투 망루를 만들어서, 적 함선을 향해 활과 쇠뇌를 위에서 아래로 발사했다.

전투는 양쪽이 우열을 가리기 어려웠지만, 안토니우스가 갑자기 도주했기 때문에 옥타비아누스의 승리로 끝이 났다.

10 단노선의 구조

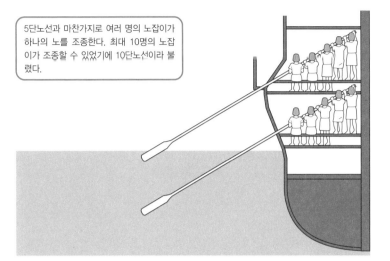

5단노선과 마찬가지로 여러 명의 노잡이가 하나의 노를 조종한다. 최대 10명의 노잡이가 조종할 수 있었기에 10단노선이라 불렸다.

10 단노선의 특징

1 매우 크다

5단노선의 건조 이후, 갤리선은 서서히 거대해져서 결국에 10단노선이 개발됐다. 고대 로마군의 10단노선은 선체의 길이가 13.7m에 달했다.

2 신속하게 대처할 수 없다

노잡이의 인원수가 늘었기 때문에 선체가 커져서, 그때까지의 갤리선과 비교하면 기동성이 떨어지고 신속하게 대처할 수가 없었다.

3 속도가 빠르다

고대 로마군이 건조한 10단노선은 약 600명의 노잡이가 타고 있었기 때문에, 커다란 선체에 비해서 속도가 빨랐다.

4 하르파르고 탑재

하르파르고란 갈고리 모양의 작살로서, 이 작살을 적함에 걸고 백병전을 벌였다. 또한 전투 망루를 만들고 그 위에 올라가서 적 함선을 향해 활과 쇠뇌를 위에서 아래로 발사했다.

관련항목
- 해상병기 「갤리선」의 발달→No.011
- 해상병기로 활약한 3단노선→No.028
- 3단노선의 발전형·5단노선의 등장→No.032

고대 로마군이 고안해낸 코르부스란 무엇인가?

바다 건너편에 있는 강대국 카르타고와의 전쟁에 있어서, 고대 로마제국은 약한 해군력을 보완하기 위해 「코르부스」라 불리는 고대병기를 개발했다. 코르부스는 해전을 백병전으로 바꾸는 획기적인 발명이었다.

● 고육지책으로 로마가 개발한 해상병기

기원전 3세기경 고대 로마군의 고뇌는 막강한 힘을 자랑하는 카르타고의 해군이었다. 그때까지 로마는 이탈리아 반도를 제압하는데 힘을 쏟았기 때문에 바다에는 그렇게 관심을 두지 않았다. 그래서 잘 훈련된 카르타고의 해군을 이길 방법이 없었던 것이다.

로마군이 카르타고보다 우세했던 것은 육상전뿐이었다. 그래서 로마군은 해전을 육상전과 마찬가지의 상황으로 만들려고 했으며, 그래서 개발한 병기가 바로 **코르부스**다.

코르부스란 길이 11m정도에 폭 1.2m정도의 판 형태로 만들어진 병기로 끝부분에는 금속으로 된 갈고리가 달려있었다. 코르부스는 일종의 다리로서 갈고리를 적 함선에 걸어 고정시키고, 이 판을 건너 로마 병사가 적 함선에 올라타서 백병전을 벌일 수 있게 만드는 병기다. 일반적으로 코르부스는, 뱃머리에 장대를 세우고 장대와 코르부스를 밧줄로 고정시켰다.

코르부스의 양쪽에는 난간이 달려있으며, 동시에 2명의 병사가 지나갈 수 있도록 설계되었다. 코르부스란 라틴어로 「까마귀」라는 의미인데, 끝부분의 갈고리를 까마귀에 비유해서 이름지었다고 한다.

로마군의 갤리선 양쪽 현에는 많은 코르부스가 설치되었고, 코르부스를 효과적으로 사용하기 위해 로마군의 함선에는 일반적으로 갤리선에 타는 병사 수보다 더 많은 병사가 탑승했다. 그래서 기동력은 떨어졌지만, 원래 카르타고의 조타능력에는 미치지 못했기 때문에 자신들의 장점을 최대한 살리는 전법을 택했다. 결과적으로 코르부스를 사용한 로마군의 전술은 막대한 위력을 발휘했다. 해전에서 자신감을 가졌던 카르타고군은 로마군의 새로운 병기를 보고 깜짝 놀랐다. 백병전에서는 로마군을 이길 수 없었기 때문에 카르타고군은 결국 완패를 당하게 된다.

코르부스의 형태와 사용법

카르타고와의 전투에서 고전을 면치 못했던 로마는 카르타고의 강력한 해군을 분쇄하기 위해 새로운 병기인 코르부스를 개발했다.

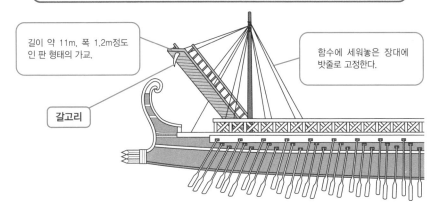

길이 약 11m, 폭 1.2m정도인 판 형태의 가교.

함수에 세워놓은 장대에 밧줄로 고정한다.

갈고리

코르부스의 특징

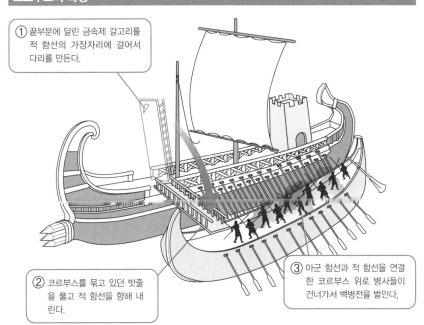

① 끝부분에 달린 금속제 갈고리를 적 함선의 가장자리에 걸어서 다리를 만든다.

② 코르부스를 묶고 있던 밧줄을 풀고 적 함선을 향해 내린다.

③ 아군 함선과 적 함선을 연결한 코르부스 위로 병사들이 건너가서 백병전을 벌인다.

관련항목

● 해상병기로 활약한 3단노선→No.028
● 해상 전투를 유리하게 가져가기 위한 병기 · 충각→No.029

육상 최강의 동물 병기 · 전투 코끼리

고대의 전장을 질주했던 전투 코끼리. 시속 40㎞의 속도로 달리는, 육상에서 가장 크고 가장 강력한 동물인 코끼리는 전장에서도 효과적인 병기였다. 그러나 전투 코끼리는 장점만 있었던 것이 아니고 단점도 많았다.

● 아군도 상처를 입히는 양날의 검

아주 먼 옛날에는 인간과 동물이 공존을 하며 같이 번영했지만, 시대가 흐르면서 인간이 동물을 기르게 되자 동물들도 전장에 투입됐다. 가장 대표적인 것이 말이다. 전차를 끄는 것을 시작으로 이후에는 기병부대로서 활약했다.

말 이외의 동물 중에서도 효과적으로 사용된 것이 바로 코끼리다. 전장에서 사용된 코끼리를 **전투 코끼리**라고 부른다. 전투 코끼리를 가장 먼저 사용한 것은 기원전 5세기 이전의 인도라고 한다. 그 이유는 아프리카에서 서식하는 코끼리보다 아시아에서 서식하는 코끼리가 더욱 온화하고, 사람을 잘 따라서 쉽게 길들일 수 있었기 때문이다. 그 후 중동과 유럽 각지에 전파되었다.

코끼리를 전장에 투입하는 경우, 코끼리 조련사가 코끼리의 목 뒤에 올라타고, 코끼리 등에는 상자나 작은 공성탑을 올려서, 거기에 궁병과 지휘관이 2명정도 올라탔다. 전투 코끼리는 큰 몸집과 속도를 이용해서 전장을 유린했다. 전속력으로 달리면 시속 40㎞의 속도를 낼 수 있는 코끼리에 받치는 것만으로도 교통사고를 당할 때와 같은 충격과 데미지를 입었다. 또한 땅에 누워있는 사람을 짓밟아버리는 습성도 가지고 있기 때문에, 적군은 전투 코끼리 부대를 보는 순간 도망칠 수밖에 없었다.

하지만, 코끼리는 적군과 아군을 구별할 수 없기 때문에 코끼리 조련사가 쓰러지면, 아군에게 있어서도 위험한 존재가 되었다. 전투 코끼리의 급소는 바로 코끼리 조련사인 셈이다. 또한 한 번 달리기 시작하면 방향전환이나 정지시키기가 어려웠고, 속도를 제어하는 것 역시 곤란했다. 따라서 전투 코끼리 부대는 대부분 단독으로 행동했으며 항상 전장의 최전선, 그것도 중앙부대로 투입되는 경우가 많았다.

그리고 코끼리를 병기로 다룰 때 가장 문제가 됐던 것은 바로 보급의 문제였다. 코끼리 한 마리의 필요한 먹이 양은 현대의 기준으로 하루에 최소한 250㎏, 물은 150ℓ라고 한다. 고대 세계에 있어서, 현대 기준의 1/3정도만 필요했다 하더라도 대량의 보급이 필요했을 것이다.

전투 코끼리의 사용법

코끼리 조련사

코끼리를 사육하는 사람이 조련사로, 코끼리의 등에 타고 코끼리를 조종한다. 조련사가 쓰러지면 코끼리는 아군과 적군을 구별할 수 없게 된다.

공성탑

코끼리의 등에 공성탑을 올리고, 여기에 궁병이나 지휘관 등 2명의 병사가 올라탄다

짓밟는다

코끼리는 본능적으로 바닥에 누워있는 동물을 짓밟는 습성이 있다. 바닥에 쓰러진 적병을 짓밟아서 압사시킨다.

속도

코끼리는 거대한 몸체와는 다르게 전속력으로 달리면 시속 40㎞의 속도를 낼 수 있다. 거대한 몸과 속도를 살려서 적 병사에게 큰 데미지를 입힌다.

전투 코끼리의 약점

약점1

코끼리는 원래 적군과 아군을 구별하지 못하는 동물이기 때문에 코끼리 조련사가 쓰러지면 제어를 할 수 없게 되고, 아군에게 있어서도 위협적인 존재가 된다.

약점2

흥분해서 달리는 코끼리는 조련사가 없이는 방향전환이나 정지를 시킬 수 없었다.

관련항목
- 전투 코끼리는 전장에서 어떤 활약을 보였는가→ No.036
- 병기에 혁명을 불러일으킨 아시리아→ No.090

전투 코끼리는 전장에서 어떤 활약을 보였는가

전투 코끼리가 전장에 나타난 이후 많은 전쟁에 투입돼서 활약했다. 마케도니아의 알렉산드로스, 북아프리카 대륙의 강대국 카르타고, 고대 로마제국 등, 고대시대 대부분의 강대국이 전장에서 전투 코끼리와 조우했던 것이다.

● 전투 코끼리가 실제로 전장에 투입된 예

실제로 전투 코끼리가 전장에 투입된 예로서, 먼저 기원전 326년에 알렉산드로스 대왕이 이끄는 마케도니아군이 인도의 왕 포러스와 싸운 히다페스트 전투를 들 수 있다. 이 전투에서 인도 군은 200마리 이상의 전투 코끼리를 전장에 보내서 강력한 마케도니아군을 곤경에 빠트렸다. 마케도니아군 중장기병의 대부분이 전투 코끼리와의 싸움에 익숙하지 않았기 때문에, 말도 병사도 전투 코끼리를 보는 것만으로 위축되어 도망가기 바빴다. 그러나 전쟁의 천재였던 알렉산드로스 대왕은 단순한 움직임밖에 취할 수 없었던 전투 코끼리 부대와의 직접 대결을 피하고, 기병의 기동력을 이용하여 인도군 본대에 집중공격을 가해서 인도군을 패배로 몰아넣는데 성공한다. 그리고 전투 코끼리의 일부를 아군에 편입시켰다.

북아프리카의 강대국 카르타고 역시 전투 코끼리를 많이 이용한 나라였다. 기원전 255년 고대 로마와 대치한 카르타고군은 전선에 약 100마리의 전투 코끼리 부대를 배치해서 로마군의 분단에 성공했고, 로마군은 15000명의 병사를 잃으며, 결국 패배했다. 기원전 202년 로마군과 카르타고군이 벌인 자마 전투에서는 카르타고군이 80마리의 전투 코끼리를 투입해서 로마군을 향해 일제히 돌격했다. 이때 로마군의 지휘관인 대 스키피오는 부대 사이의 간격을 넓게 잡아 포진하여, 일직선으로 돌진해오는 전투 코끼리 부대와 접촉하지 않는 방법으로 전투 코끼리의 돌격을 피하면서 전국을 유리하게 가져갔다.

전투 코끼리 부대에 대한 전술 중 하나로서 말벤툼 전투(기원전 274년)를 소개하고자 한다. 이 전투에서 로마군은 불을 무서워하는 코끼리를 향해 횃불을 휘둘러서 전투 코끼리를 내쫓았다고 한다.

그렇다고 해도 전투 코끼리를 쓰러트리는 것은 모든 부대에게 있어서 어려운 일이었다. 코끼리를 일격에 쓰러트리는 것은 매우 힘든 일인데다가, 섣불리 공격했다가는 코끼리가 더욱 날뛰기 때문에, 최종적으로는 전투 코끼리와의 교전을 피하는 것이 가장 좋은 방법이었다.

전투 코끼리 대응 전술

전술1   부대간 간격을 넓게 잡고 포진한다

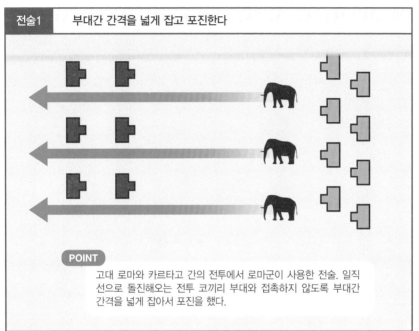

POINT

고대 로마와 카르타고 간의 전투에서 로마군이 사용한 전술. 일직선으로 돌진해오는 전투 코끼리 부대와 접촉하지 않도록 부대간 간격을 넓게 잡아서 포진을 했다.

전술2   횃불을 사용한다

코끼리가 불을 무서워한다는 습성을 이용해서 횃불을 휘둘러 전투 코끼리를 내쫓았다.

전술3   싸우지 않는다

코끼리를 일격에 쓰러트리는 것은 매우 어려운 일이다. 따라서 전투 코끼리와는 싸우지 않는 전술이 가장 효과적이다.

관련항목

● 육상 최강의 동물 병기 · 전투 코끼리 → No.035
● 아군의 전투 코끼리에 당한 피로스 → No.090
● 코끼리 이외의 동물 병기 → No.091

공성병기의 원점이라고 할 수 있는 공성 사다리

공성탑과 함께 포위전에서 활약한 병기가 「삼부카」다. 병사를 안전하게 성벽 위까지 보내는 병기로, 아군의
병사가 공성탑에서 공격을 하고 있는 사이에 성벽을 넘을 수 있었다.

● 성벽을 오르기 위한 병기

전쟁의 형태가 발달하자, 야전이나 해전에서는 전술에 따라서 승패가 갈리는 경우
도 많아졌다.

그러나 포위전은 달랐다. 캐터펄트나 발리스타와 같은 투석병기는, 발달하면서 더욱
무거운 것을 더 멀리 날리는 연구가 거듭되었지만, 이러한 투석병기는 성벽이나 흙 담
벽을 일격에 파괴할 정도의 위력은 가지고 있지 않았던 것이다.

이러한 이유로 포위전에 있어서는 방어군이 압도적으로 유리했다.

그래서 공격군은 성벽을 타고 넘어서 성 안으로 침입하는 방법을 생각하였고, 이를
실현하기 위한 병기를 고안했다. 그 병기가 다음 장에 설명하는 공성탑이고, 다른 하
나의 병기가 바로 「삼부카」다.

삼부카란 이동하는 **공성용 사다리(공성 사다리)**로 기원전 4세기말에는 이미 세상에 나
와있었다. 공성 사다리 자체는 그리스 신화에 등장할 정도로 오래 전부터 존재했다.
그리고 기원전 2500년경에 고대 이집트에서 바퀴가 달린 공성 사다리가 등장했다. 이
집트의 공성 사다리는, 목표로 하는 성벽의 높이를 조사한 후 거기에 맞춰서 사다리
를 만들고 밑에다 바퀴를 달았다. 2명의 병사가 봉을 사용해서 바퀴를 밀며 운반했다.

삼부카는 이러한 공성 사다리를 대형화한 것으로, 병사를 적군의 불화살로부터 보호
하기 위한 지붕을 달고 여기에 동물가죽을 덮어씌웠다. 삼부카는 시소의 원리를 이용
했으며, 병사를 사다리 맨 위에 태운 다음에 반대쪽에 대량의 돌을 쌓아서 사다리를 들
어올렸다. 쌓는 돌의 무게를 조절하는 것으로 사다리의 높이도 조절할 수 있었기 때문
에, 이집트식과 같이 목표로 하는 성벽에 맞춰서 일일이 사다리를 만들 필요성이 없다
는 것이 삼부카의 장점이었다. 또한 삼부카는 가로 넓이가 길었기 때문에 해자나 도랑
앞에다 설치하는 것도 가능했다.

이집트의 이동식 공성 사다리

목표 성벽의 높이를 사전에 조사하고 난 후 높이에 맞춘 사다리를 만든다.

이동시켜서 운반할 수 있도록 바퀴를 달고 병사 2명이 봉을 사용해서 옮긴다. 바퀴가 달린 공성 사다리를 고안한 것이 바로 이집트다.

삼부카

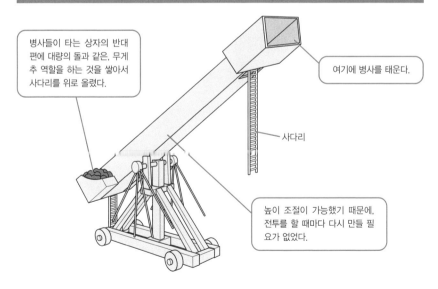

병사들이 타는 상자의 반대편에 대량의 돌과 같은, 무게추 역할을 하는 것을 쌓아서 사다리를 위로 올렸다.

여기에 병사를 태운다.

사다리

높이 조절이 가능했기 때문에, 전투를 할 때마다 다시 만들 필요가 없었다.

관련항목
●포위전과 공성병기의 발달→ No.009
●성을 공격하기 위한 필수병기인 공성탑의 출현→ No.038

성을 공격하기 위한 필수병기인 공성탑의 출현

현대와 같이 공성병기가 발달하지 않았던 고대에는 성 안으로 도망쳐버린 적이 매우 성가신 존재였다. 그래서 개발과 개량을 거듭한 것이 「공성탑」(이동탑이라고도 한다)이라는 병기다.

● 상대의 성을 공격하는 공성병기

야전에서 열세에 빠진 쪽은 요새나 성으로 도망쳐서, 적과의 직접 대결을 피해버린다. 따라서 전쟁에서 이기기 위해서는 적의 성을 함락시킬 필요가 있다. 그래서 등장한 것이 **공성탑 혹은 이동탑**이었다. 공성탑은 오래 전에 세상에 나왔는데, 처음으로 기록상에 나온 것은 기원전 1900년대의 북부 아시리아를 제압한 샴시 아다드 왕에 의한 누르굼 포위전이다. 여기서 사용된 것은 앞장에서 설명한 공성 사다리였겠지만, 이후에는 곳곳에서 공성탑을 사용하게 되었다. 야전에서 강력했던 아시리아에서는 농성을 벌이는 적을 상대하기 위해 공성병기가 발달했다. 공성탑 역시 아시리아가 번영한 시대에 비약적으로 발달했다.

공성탑은 몇 개의 층으로 만들어진 목제 탑으로, 높이는 8~10m정도였으며 4개의 바퀴(이후에 6개의 바퀴를 사용)로 움직였다. 공성탑의 안에는 파성추가 실려있었고, 상층부에는 궁병이나 쇠뇌병이 배치되었으며 상층부의 상자 안에도 병사들이 타고 있었다. 아시리아의 공성탑은 후대의 고대 로마에 비해서 규모는 작았지만, 그래도 수십 명의 병사를 수용할 수 있었다.

공성탑은 성벽의 높이에 맞춰서 현지에서 제작되는 경우도 있었기 때문에, 공작병이 전장에 같이 가는 경우도 많았다고 한다. 아시리아에서는 공병단독부대도 있었다고 전해진다. 방어군은 공성탑을 파괴하기 위해 불을 사용했다. 화공에 대한 대응책으로 공성탑을 동물의 가죽이나 물을 먹인 천으로 감쌌으며, 만에 하나 불이 붙었을 경우에 대비해서 물을 뿌리기 위한 병사도 같이 타고 있었다.

고대 로마가 만든 공성탑은 매우 높았는데, 71년의 마사다 포위전에서는 높이 30m에 달하는 거대한 공성탑이 출현했다. 로마 공성탑의 특징적인 부분은 파성추나 투석병기뿐만 아니라 적의 성에 들어가기 위한 가교도 탑재되었다는 점이다. 또한 파성추는 최하층뿐만 아니라 상층부에 설치되는 일도 있었다.

아시리아의 공성탑

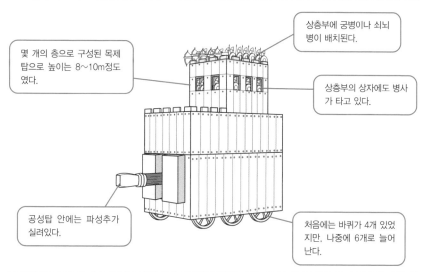

몇 개의 층으로 구성된 목제 탑으로 높이는 8~10m정도 였다.

상층부에 궁병이나 쇠뇌병이 배치된다.

상층부의 상자에도 병사가 타고 있다.

공성탑 안에는 파성추가 실려있다.

처음에는 바퀴가 4개 있었지만, 나중에 6개로 늘어난다.

고대 로마의 공성탑

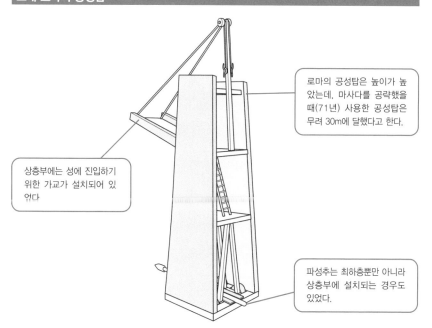

로마의 공성탑은 높이가 높았는데, 마사다를 공략했을 때(71년) 사용한 공성탑은 무려 30m에 달했다고 한다.

상층부에는 성에 진입하기 위한 가교가 설치되어 있었다.

파성추는 최하층뿐만 아니라 상층부에 설치되는 경우도 있었다.

관련항목
● 공성병기의 원점이라고 할 수 있는 공성 사다리→ No.037
● 카이사르가 만든 공성탑과 포위전 → No.040

85

마케도니아 왕이 개발한 공성탑 헬레폴리스

공성탑이라는 고대병기는 포위전에서 반드시 필요한 존재가 되었다. 기원전 305년에 일어난 로도스섬 포위전에서는 마케도니아의 왕인 데메트리오스가 거대한 공성탑을 개발해서 로도스섬 사람들을 놀라게 했다.

● 마케도니아에서 개발된 거대한 공성탑

공성탑이 사용된 수많은 전장 중에서도 기원전 305년에 마케도니아의 왕 데메트리오스(재위 : 기원전 294년~기원전 288년)가 벌인 로도스섬 포위전은 매우 유명하다. 폴리올케테스(공성자)라 불릴 정도로 포위전의 달인이었던 데메트리오스에 의해서 로도스섬 포위전에 사용된 공성탑은 **헬레폴리스**라고 하는데, 이 헬레폴리스는 상상을 뛰어넘는 규모의 공성탑이었다.

당시에 마케도니아는 이집트(프톨레마이오스 왕조)와 대립하고 있었는데, 로도스섬은 이집트와 동맹을 맺고 있었다. 로도스섬은 우수한 해군을 보유하고 있었으며, 데메트리오스는 이집트에 이 해군을 제공하는 것을 우려했다.

로도스섬은 바다로 둘러싸인 난공불락의 도시로 데메트리오스조차 공략하는데 애를 먹었다. 그래서 제작한 것이 헬레폴리스라 불리는 공성탑이었다. 헬레폴리스는 9층으로 된 거대한 공성탑으로, 높이는 43m에 약 200명이 윈치를 조작하여 8개의 바퀴를 움직여서 이동시켰다. 아시리아의 공성탑은 높이가 약 10m였으며 고대 로마의 공성탑조차 높이가 30m였던 것을 생각하면 이 상상을 뛰어넘는 공성탑의 크기가 어느 정도인지 알 수 있을 것이다.

헬레폴리스의 아래쪽 3개층에는 크고 작은 투석기가 탑재되었고, 1층에 설치된 투석기는 82kg의 투석탄을 날릴 수 있을 정도로 거대했다. 투석용 개폐창은 투석탄을 장전할 때마다 기계를 사용해서 열고 닫을 수 있도록 되어있었다. 4층부터 위로는 궁병과 쇠뇌병이 탑승해서 각 층의 발사구에서 쉴 새 없이 화살을 발사했다. 또한 바깥쪽 벽은 전부 철판으로 덮어서 방어력과 내구력을 높였으며, 각 층에는 소화용 설비까지 갖춰져 있었다고 한다.

헬레폴리스는 로도스섬의 외벽을 파괴하고 로도스섬에서 응급조치로 만든 내벽까지도 파괴했다. 그럼에도 불구하고, 데메트리오스는 로도스섬을 함락시킬 수 없었다.

마케도니아와 프톨레마이오스 왕조의 위치관계

마케도니아

그리스

로도스섬

지중해

알렉산드리아

프톨레마이오스 왕조 이집트

기원전 4세기 초반 마케도니아와 프톨레마이오스 왕조의 이집트가 대립했고, 둘 사이에 위치한 로도스섬은 이집트와 동맹을 체결하고 있었다.

헬레폴리스의 특징

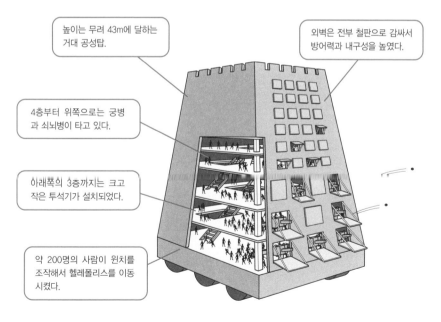

높이는 무려 43m에 달하는 거대 공성탑.

외벽은 전부 철판으로 감싸서 방어력과 내구성을 높였다.

4층부터 위쪽으로는 궁병과 쇠뇌병이 타고 있다.

아래쪽의 3층까지는 크고 작은 투석기가 설치되었다.

약 200명의 사람이 윈치를 조작해서 헬레폴리스를 이동시켰다.

관련항목
● 성을 공격하기 위한 필수병기인 공성탑의 출현→ No.038
● 카이사르가 만든 공성탑과 포위전→ No.040

카이사르가 만든 공성탑과 포위전

공성전이 주특기였던 고대 로마에서도 특히 공성전을 잘했던 인물이 율리우스 카이사르였다. 아바리쿰 포위전에서 카이사르는 높이 24m의 거대한 공성탑을 1개월 만에 만들었다.

● 공성탑을 사용한 카이사르의 전략

고대 로마군은 그리스의 기술을 도입한 공성전이 주특기로서, 카이사르가 남긴 『갈리아 전기』에는 공성탑을 사용한 전투가 많이 기록되어있다. 기원전 52년 5월경 카이사르가 이끄는 로마군은 비투리게스족이 다스리는 아바리쿰을 포위했다.

아바리쿰은 견고한 도시로 유명했다. 로마군의 강력함을 알고 있었던 비투리게스족은 야전에서 힘을 소모하는 일 없이 도시에 틀어박혔다. 게다가 그들은 주위에 있는 20개의 도시를 불태웠기 때문에 로마군은 군량을 조달하는데 곤란을 겪었다.

포위전에 있어서 가장 주의해야 할 것은 바로 군량이 결핍되지 않게 하는 것이다. 카이사르는 아바리쿰을 빨리 함락시켜야만 했다.

이때 카이사르가 쓴 전략은 모두를 깜짝 놀라게 했다. 단 1개월 만에 24m에 달하는 **공성탑과 회전하는 작은 탑을 만든 것이다.** 그리고 공성탑을 빨리 이동시키기 위해, 대규모의 토목공사를 벌여서 공성탑용 경사로를 만들더니 눈 깜짝할 사이에 아바리쿰을 함락시킨 것이다.

또한, 같은 해 8월의 알레시아 포위전에서도 카이사르가 만든 공성탑이 활약했다. 단 이 전투에서는 공성탑보다 알레시아를 포위한 시설 쪽이 유명하다. 그것은 성채와 성루, 울타리와 같은 것을 늘어 세운 구조물로서, 전체 길이가 28㎞에 달했으며 알레시아를 완벽하게 포위했다고 한다.

아시리아에서 시작되어 유럽의 각국에서도 격렬한 공성전이 벌어졌지만, 신기하게도 이집트만은 공성전이 거의 일어나지 않았다. 그 이유는 분명하지 않지만, 이집트의 전사들은 개개인의 대결을 선호했기에, 그들에게 농성을 한다는 가치관이 없었기 때문인 것으로 추측된다.

카이사르의 아바리쿰 포위

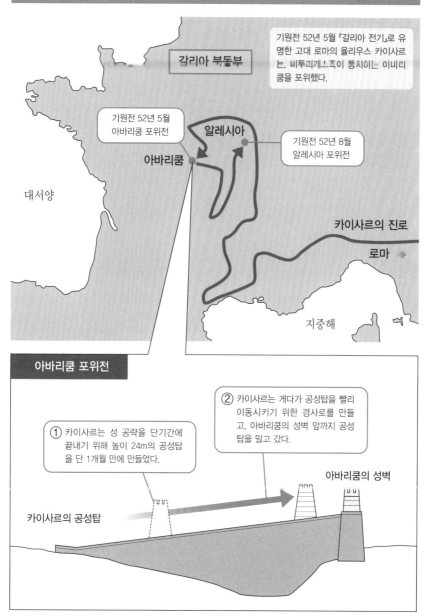

갈리아 부동부

기원전 52년 5월 『갈리아 전기』로 유명한 고대 로마의 율리우스 카이사르는, 비투리게스족이 통치하는 아바리쿰을 포위했다.

기원전 52년 5월
아바리쿰 포위전

알레시아

아바리쿰

기원전 52년 8월
알레시아 포위전

대서양

카이사르의 진로

로마 →

지중해

아바리쿰 포위전

① 카이사르는 성 공략을 단기간에 끝내기 위해 높이 24m의 공성탑을 단 1개월 만에 만들었다.

② 카이사르는 게다가 공성탑을 빨리 이동시키기 위한 경사로를 만들고, 아바리쿰의 성벽 앞까지 공성탑을 밀고 갔다.

아바리쿰의 성벽

카이사르의 공성탑

관련항목

● 성을 공격하기 위한 필수병기인 공성탑의 출현→ No.038
● 마케도니아 왕이 개발한 공성탑 헬레폴리스→ No.039
● 공성탑과 파성추의 활약→ No.043

성벽을 파괴하는 파성추의 위력

공성탑과 함께 포위전용으로 만들어진 병기가 파성추라고 불리는 병기다. 기원전 18세기에는 이미 존재했던 오래된 병기로, 긴 세월 동안 꾸준히 개량되면서 전장에서 많이 사용되었다.

● 성벽을 부수기 위한 공성병기

공성탑이나 공성 사다리와 함께 **공성전에서 많이 쓰인 병기가 파성추**라고 불리는 공성병기다. 파성추란 문자 그대로 성을 파괴하는 추라는 뜻이다. 기원전 18세기의 누르굼 전투에서 아시리아 군이 이미 파성추를 사용하고 있었으니, 그 역사는 상당히 오래되었다고 할 수 있겠다.

초기의 파성추는 대차 위에 작은 집과 같은 구조물을 세우고, 구조물 안에 끝부분이 철로 된 긴 봉을 매달았다. 이 봉을 사람의 힘으로 진자 운동을 하듯이 휘둘러서 성벽을 때려 데미지를 줬다. 단 이 파성추로는 흙벽이나 흙담에만 효과가 있었기 때문에, 방어군에서 성벽을 돌로 만들어 놓으면 전혀 소용이 없었다.

그래서 파성추는 더욱 거대화되었으며, 그때까지는 벽을 깎아내는 정도였던 것이 직접 성벽에 타격을 주는 것으로 바뀌었다.

파성추에도 여러 가지 형태가 있었는데, 초기에는 바퀴가 작거나 바퀴살도 없었기 때문에 평탄한 길밖에 갈 수 없었다. 그 후 아시리아에서는 작은 집 안에다 추를 매단 일반적인 파성추 이외에도, 거대한 철두를 대차 위의 집 구조물 앞면에 붙이고, 그대로 들이받아서 성벽을 파괴하는 형식의 파성추도 있었다.

또한 사르곤 2세(재위 : 기원전 722년~기원전 705년) 때에는 파성추를 탑의 내부에 탑재함으로써 엄호용 궁병들과 같이 동승하게 되었다. 그 후 파성추를 발달시킨 것은 다른 공성병기와 마찬가지로 아시리아였다. 기원전 4세기가 되자 파성추에 톱니바퀴가 설치되면서, 그때까지보다 더 적은 인원으로 더욱 강력한 타격력을 얻게 되었다. 이에 따라 방어군의 성벽도 발전해서, 이 시대부터는 공성병기와 성벽이 급속히 발달했다.

파성추의 구조

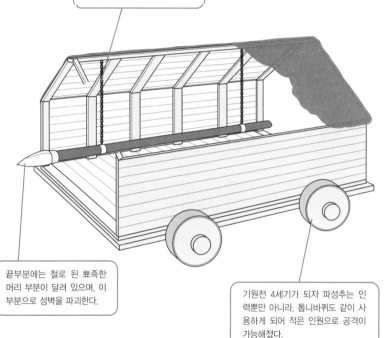

긴 봉처럼 생긴 파성추는 안에 탑승한 병사에 의해 진자 운동을 하면서 성벽에 부딪친다.

끝부분에는 철로 된 뾰족한 머리 부분이 달려 있으며, 이 부분으로 성벽을 파괴한다.

기원전 4세기가 되자 파성추는 인력뿐만 아니라, 톱니바퀴도 같이 사용하게 되어 적은 인원으로 공격이 가능해졌다.

파성추의 역사

기원전 18세기		기원전 8세기		기원전 4세기
아시리아와 누르굼과의 전투에서 아시리아 군이 파성추를 사용했다고 알려져 있다. 초기의 파성추는 흙벽이나 흙담에만 효과가 있었다.		성벽이 돌로 만들어지면서, 파성추는 거대화되었고 타격력도 올라갔다. 또한 파성추를 탑 안에 탑재하는 형태도 등장했으며, 궁병들도 같이 탑승할 수 있도록 만들어졌다.		파성추에 톱니바퀴가 사용되면서, 지금까지보다 더 적은 인원으로 더욱 강력한 데미지를 줄 수 있게 되었다.

관련항목

● 포위전과 공성병기의 발달→ No.009   ● 공성탑과 파성추의 활약→ No.043
● 귀갑형 덮개가 달린 공성추란 무엇인가 ? → No.042

귀갑형 덮개가 달린 공성추란 무엇인가?

파성추 역시 시대가 흐르자 여러 가지 형태로 그 모습이 변화했다. 고대 로마에서도 개량이 더해져서, 로마군의 파성추는 동물의 가죽 등으로 만든 지붕을 덮은 것이 많아졌다고 한다.

● 고대 로마군이 개발한 파성추

아시리아에서 개발된 파성추는 유럽 각국에도 전해져서 그리스나 로마에서도 사용되었다. 특히 고대 로마 제국의 포위전에서는 파성추가 효과적으로 사용되었다.

고대 로마군(기원전 5세기 이후)이 사용했던 파성추는, 각재 끝부분을 양머리 모양의 철로 덮어놓았다. 그래서 라틴어로 「숫양」을 의미하는 아리에스라 불리기도 했다.

이외에도 로마에서는 **엄개가 달린 파성추**가 많았다. 엄개란 원래 적들의 공격을 막기 위해 판 참호 위에 덮는 천 등을 가리키며, 이 덮개를 파성추의 집 구조물 위에 덮는 것이다. 일반적으로 동물의 가죽으로 만들어졌으며, 적이 쏘는 불화살을 막아줬다.

그리고 덮개를 씌운 파성추를 귀갑형 파성추라 불렀다. 귀갑형이란 로마군이 전장에서 사용한 진형이다. 밀집 진형 중 하나로 병사가 3열이나 4열로 늘어서서, 바깥쪽에 있는 병사들이 각자 자신들의 외부를 향해서 방패로 막고 한가운데 병사들이 위쪽으로 방패를 막았다.

귀갑 진형은 적의 투척병기를 무력화시키고 전장을 안전하게 이동할 수 있었다. 공격을 할 수는 없지만, 희생자를 내지 않고 적의 바로 앞까지 이동할 수 있었기 때문에 자주 사용되었다. 이와 마찬가지로 귀갑형 덮개가 달린 파성추 역시 도중에 적에게 격파당하는 일 없이 성벽까지 이동할 수 있었던 것이다.

이처럼 파성추의 방어력을 중시하게 된 이유는, 파성추가 성벽에 최초의 일격을 가할 때가 적이 항복할 수 있는 최후의 순간이라고 여겼기 때문이다. 즉 농성을 하는 쪽은 파성추가 성벽 앞에 도달하기 전까지 파괴해야만 했기 때문에 파성추에 대한 공격이 매우 격렬했던 것이다.

고대 로마의 덮개 달린 파성추

아시리아에서 개발된 파성추는 유럽 각국에 전해져서, 고대 로마에서도 독자적으로 발전했다.

고대 로마에서 사용했던 파성추는 각재 끝부분을 양머리 형태의 철로 씌웠기 때문에 「아리에스」라고 불렸다.

적의 공격을 막기 위해 짐승의 가죽으로 전체를 둘러쌌다. 짐승의 가죽은 적이 발사한 불화살을 잘 막아냈다.

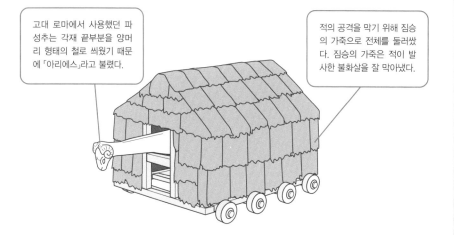

귀갑형 부대

밀집 진형 중 하나로 3~4열로 늘어선 병사들 중 바깥쪽 병사가 진형의 외부를 향해서 방패로 막고, 한가운데 병사들이 위를 향해 방패로 막으면서 적의 투척병기를 무력화시켰다. 단 공격은 할 수 없다.

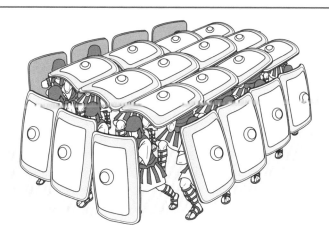

관련항목
● 성벽을 파괴하는 파성추의 위력→ No.041
● 공성탑과 파성추의 활약→ No.043

공성탑과 파성추의 활약

공성탑과 파성추는 고대병기로서 중요한 위치를 차지하며, 아시리아, 고대 로마, 마케도니아 등 많은 나라가 이러한 병기를 사용해서 싸웠다. 여기서는 공성탑과 파성추를 사용한 대표적인 전투를 소개하고자 한다.

● 전장에서 활약한 이동탑과 파성추

공성병기를 효과적으로 사용했던 포위전이라 한다면, 멀리는 기원전 701년에 일어난 라키시 포위전을 들 수 있다. 아시리아 왕 센나케리브가 벌인 유대 원정 중 하나다. 당시의 아시리아는 압도적인 전력을 자랑하는, 대적할 자가 없었던 군사국가였으며, 이를 상대로 하는 라키시는 유대인들의 도시였다. 아시리아 왕은 라키시에 항복을 권고했지만 라키시는 이를 거부했기 때문에 아시리아군에 의한 포위전이 시작되었다. 아시리아군은 궁병으로 공격을 하는 동안 공성탑과 파성추를 만들었으며, 이 병기들을 성벽까지 수월하게 옮기기 위해서 공병에게 경사로를 만들게 했다. 그리고 공성탑에 탄 궁병들이 끊임없이 화살을 쏘고 동시에 파성추는 성벽이나 성문을 줄곧 쳐댔다. 이러한 공격으로 인해 라키시는 며칠 만에 함락되었다고 한다.

또한 고대 로마군이 마사다에서 농성을 벌인 유대 반란군을 포위한, 74년의 마사다 포위전도 유명하다. 사해의 가장자리에 우뚝 솟은 난공불락의 마사다 요새를 공략하기 위해, 로마군은 높이 30m의 공성탑을 만들고 탑 표면을 철판으로 둘러싼 후 위에서부터 두 번째 층에 파성추를 설치했다. 유대군의 저항도 격렬했지만, 로마군은 결국 마사다의 서쪽 벽을 파성추로 파괴하고 안쪽에 쌓은 내벽 역시 파성추로 돌파한 다음, 최상층의 가교를 이용해 성안으로 돌입해서 결국은 마사다를 함락시켰다.

이외에도 고대 그리스의 도시인 스파르타에 의한 플라타이아 포위전(기원전 429년)에서는, 스파르타군이 파성추로 2중으로 된 벽을 파괴하려 했지만, 두 번째 벽에 파성추가 격돌하려 할 때 올가미에 걸려서 방향이 바뀌는 바람에 실패하고 말았다. 마케도니아군에 의한 티로스 포위전(기원전 332년), 로마군에 의한 시라쿠사 포위전(기원전 213년), 로도스섬 포위전(기원전 305년), 알레시아 포위전(기원전 52년) 등 이동탑이나 파성추가 전장에서 활약한 예는 많이 찾아 볼 수 있다.

지중해 세계의 주요 포위전

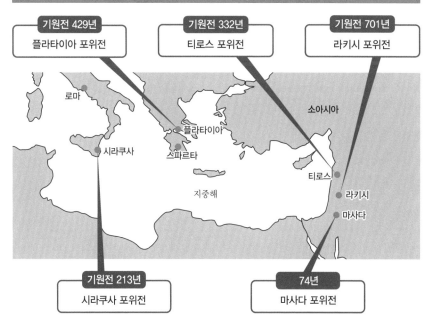

기원전 429년
플라타이아 포위전

기원전 332년
티로스 포위전

기원전 701년
라키시 포위전

로마

소아시아

플라타이아

시라쿠사

스파르타

티로스

라키시

지중해

마사다

기원전 213년
시라쿠사 포위전

74년
마사다 포위전

마사다 포위전의 로마 공성탑

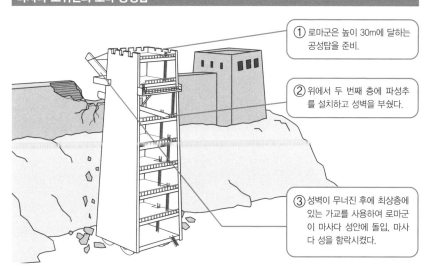

① 로마군은 높이 30m에 달하는 공성탑을 준비.

② 위에서 두 번째 층에 파성추를 설치하고 성벽을 부쉈다.

③ 성벽이 무너진 후에 최상층에 있는 가교를 사용하여 로마군이 마사다 성안에 돌입, 마사다 성을 함락시켰다.

관련항목
●성을 공격하기 위한 필수병기인 공성탑의 출현→ No.038
●성벽을 파괴하는 파성추의 위력→ No.041

공성군을 노리는 함정 · 세르부스

성벽에 설치하는 덫 중 하나로 개발된 소형병기가 「세르부스」다. 세르부스는, 끝부분을 뾰족하게 만든 나무를 성벽에 꽂아 두는 것으로, 성벽을 기어오르는 적병을 방해하는 것과 동시에 날카로운 끝부분으로 상처를 입혔다.

● 성벽에 설치한 소형병기

공성병기가 있었다고는 하지만, 포위전에서는 방어군이 압도적으로 유리했었다. 병량만 확보해놓는다면 연단위로 농성도 가능했으며, 오히려 공격군의 병량이 다 떨어지는 것이 일반적인 일이었다.

캐터펄트 등의 투석기가 있긴 했지만, 일격으로 성벽을 꿰뚫을 위력은 없었기 때문에 포위전에 있어서 방어군이 유리한 점은 변함이 없었다. 그리고 방어군은 성벽이나 흙 담벽에 방어용 병기를 설치함으로써 더욱 유리해졌다.

기원전 2세기경에 등장한 **세르부스**는 이러한 거점방어용 병기 중 하나다.

세르부스는, 여러 갈래로 가지가 갈라져 있는 나무를 잘라내어 잎을 전부 떼내고 가지만 남긴 상태에서 껍질을 벗긴 다음, 여러 갈래의 가지 끝을 전부 다 뾰족하게 갈아서 병기로 만든 것이다.

그리고 이 뾰족한 나무를 많이 만들어서 적이 전진해오는 방향으로 가지가 향하도록 몇 백 개씩 성벽과 흙 담벽에 꽂아 놓는 것이다. 이때 각각의 세르부스가 빠지지 않도록 1개씩 뿌리부분을 묶어 놓는다.

포위전을 할 때 세르부스를 성벽에 설치해 두면 몇 백 개에 달하는 날카로운 가지 끝이 방해를 해서 적병들이 기어오를 수도 없으며, 억지로 기어오르려 하면 매우 날카롭게 갈린 가지가 적에게 데미지를 줬다.

세르부스는 대부분 포위전에서 이용되었지만, 지면 안에다 심어둬서 진군해오는 적군을 공격할 때도 사용되었다. 세르부스는 고대 로마 군이 많이 사용한 병기였으나, 같은 형태의 덫이 세계 각국에서 사용되었다.

세르부스의 사용법과 특징

고대시대에 벌어진 포위전에서는 방어군이 압도적으로 유리했다. 적병이 성이나 성채에 기어올라오려 하는 것을 막기 위해 만들어진 것이 세르부스라는 방어용 병기였다.

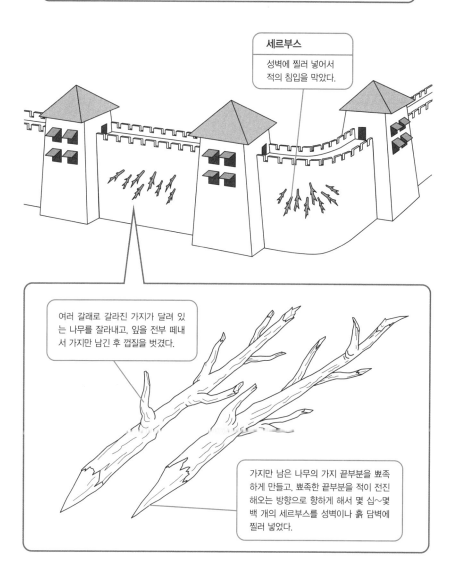

세르부스

성벽에 찔러 넣어서 적의 침입을 막았다.

여러 갈래로 갈라진 가지가 달려 있는 나무를 잘라내고, 잎을 전부 떼내서 가지만 남긴 후 껍질을 벗겼다.

가지만 남은 나무의 가지 끝부분을 뾰족하게 만들고, 뾰족한 끝부분을 적이 전진해오는 방향으로 향하게 해서 몇 십~몇 백 개의 세르부스를 성벽이나 흙 담벽에 찔러 넣었다.

관련항목

● 진군해오는 적을 함정에 빠트리는 병기 · 리리움→ No.045
● 공성군을 방해하는 장애물 스티머러스→ No.046

진군해오는 적을 함정에 빠트리는 병기 · 리리움

포위전에 있어서 진군해오는 적군에 맞서기 위해 설치한 소형병기가 「리리움」이다. 세르부스와는 다르게 살상능력이 있기 때문에 포위전에서 큰 역할을 했던 고대병기 중 하나다.

● 세르부스보다 높은 살상능력을 가지고 있었던 소형병기

적이 지나가는 길에 덫을 설치해두는 것은 방어군이 흔히 사용하는 전법이었다. 이러한 덫 중에 하나가 **리리움**이라 불리는 소형병기다.

원거리 공격이 가능한 대포 같은 것이 존재하지 않았던 고대에는, 공격군을 성벽 바로 앞까지 진격시킬 수밖에 없었다. 그 때문에 방어군은 적의 진로를 사전에 예측해서 함정을 설치해둔다. 적의 침공 속도에 여유가 있다면, 적이 진군해오는 진로를 한정시키는 형태로 길을 만들기도 했다.

리리움은 기원전 1세기경에 고대 로마군이 사용한 병기로, 카이사르가 남긴 『갈리아 전기』에도 등장한다.

리리움 자체는 끝부분을 뾰족하게 만든 길이 1m정도의 통나무로서, 그 자체로는 이용가치가 없다. 리리움은 뾰족하게 만든 끝부분이 위를 향하게 만들고, 구덩이 함정 안에 설치해야만 병기로서의 위력을 발휘한다.

구덩이 함정을 연속해서 몇 개인가 파 놓은 다음, 모든 구덩이에 리리움을 설치한다. 흔들거리거나 뽑히지 않도록 구덩이 바닥에서 20㎝정도의 깊이까지 흙을 채워 넣고 고정한다. 그리고 구덩이 함정인지 알아볼 수 없도록 작은 가지나 풀로 위장을 해놓는다. 이 구덩이 함정도 그냥 단순하게 일직선으로 파는 것이 아닌, 개미지옥 형태인 원추형으로 파내서 리리움이 효과적으로 적을 꿰뚫을 수 있게 만들어져 있다.

리리움은 세르부스와는 다르게 적이 구덩이에 떨어지면 치명상을 입힐 수 있다. 특히 빠른 속도로 전진해오는 적병에게는 꽤나 효과적인 피해를 입힐 수 있었다.

리리움과 비슷한 방어용 병기로서 일본에는 **사카모기**(逆茂木) 혹은 **란구이**(乱杙)라는 것이 있다.

이것은 뾰족한 나무를 성채나 마을 등의 바깥쪽에 많이 설치해 놓은 것으로 바리케이드 역할을 했다.

리리움의 설치와 특징

적이 지나다니는 길에 함정을 설치해두는 것은, 오래 전부터 전장에서 이용해 온 상투적인 수단이었으며, 그중에 한 가지가 소형병기 리리움이다.

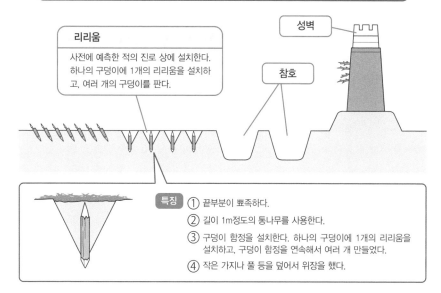

성벽

리리움

사전에 예측한 적의 진로 상에 설치한다. 하나의 구덩이에 1개의 리리움을 설치하고, 여러 개의 구덩이를 판다.

참호

특징 ① 끝부분이 뾰족하다.

② 길이 1m정도의 통나무를 사용한다.

③ 구덩이 함정을 설치한다. 하나의 구덩이에 1개의 리리움을 설치하고, 구덩이 함정을 연속해서 여러 개 만들었다.

④ 작은 가지나 풀 등을 덮어서 위장을 했다.

일본의 사카모기

사카모기

고대 일본에서 개발된 리리움과 닮은 방어용 병기. 뾰족한 나무를 참호 바깥쪽에 상당수 설치해두고 적의 침입을 막았다.

관련항목
- 공성군을 노리는 함정 · 세르부스→ No.044
- 공성군을 방해하는 장애물 스티머러스→ No.046

공성군을 방해하는 장애물 스티머러스

스티머러스는 적군의 보병 및 기병에게 데미지를 입히기 위해 설치한 소형병기다. 적병이 어떤 경로를 통해 진격해오는지 사전에 예상하고 미리 설치해두는 병기로, 날카로운 갈고리가 적병에게 데미지를 줬다.

●『갈리아 전기』에도 등장하는 소형병기

『갈리아 전기』에는 설치하는 장애물 병기가 몇 개 등장하는데, **스티머러스** 역시 그 중에 하나다. 스티머러스는 한쪽 끝이 갈고리 모양을 한 S자 형태의 못을 나무 말뚝에 박아서 사용한다. 이 말뚝을 갈고리가 지면에 나올 수 있도록 땅속에 찔러 넣으면, 그 위를 지나가는 적 보병과 기병에게 데미지를 준다. 리리움과 같이 사용하면 그 효과는 2배가 되었다.

스티머러스는 1개만 사용할 경우에는 그렇게 위협적이지 않지만, 대량으로 설치해두면, 때로는 1개 부대를 행동불능으로 만들 수도 있었다. 끝부분이 갈고리 모양으로 되어 있기 때문에 스티머러스에 찔리면 일반적인 자상보다 상처가 크게 나며, 치명상을 입는 경우도 많았다.

스티머러스 역시 리리움과 마찬가지로 돌격해 오는 기병에 대해서는 꽤나 효과적이었다. 특히 기병의 경우에는 보병 부대보다 진격해오는 통로를 쉽게 예측할 수 있는데다가, 말이 지나가기 쉬운 길을 만들어 두기만 하면 대부분의 경우에는 그 길을 고르기 때문에, 미리 설치해 놓은 스티머러스로 확실하게 데미지를 줄 수 있었다.

기원전 52년의 알레시아 포위전에서 카이사르가 이끄는 고대 로마군은 갈리아인들을 몇 겹에 걸친 포위망으로 봉쇄했다. 이때 여러 가지 병기가 여기 저기에 배치되어 봉쇄선이 완성되었는데, 그중 최전선에서 사용된 것이 바로 스티머러스였다.

적이 스티머러스 지대를 탈출하더라도 그 뒤에는 리리움이나 세르부스가 기다리고 있었기 때문에 간단하게는 포위망을 뚫을 수가 없었다.

하지만, 이러한 병기는 일단 설치를 하고 나면 위치를 옮기기가 어렵다는 점이 단점이다.

스티머러스의 설치와 특징

스티머러스 설치

『갈리아 전기』에 등장한 장애물 병기 중 하나가 소형병기인 스티머러스다.

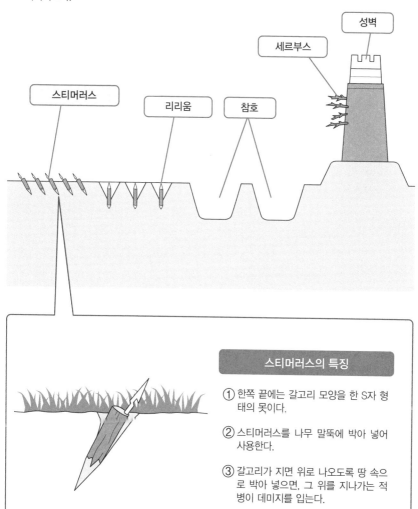

스티머러스의 특징

① 한쪽 끝에는 갈고리 모양을 한 S자 형태의 못이다.

② 스티머러스를 나무 말뚝에 박아 넣어 사용한다.

③ 갈고리가 지면 위로 나오도록 땅 속으로 박아 넣으면, 그 위를 지나가는 적병이 데미지를 입는다.

관련항목
● 카이사르가 만든 공성탑과 포위전→ No.040
● 진군해 오는 적을 함정에 빠트리는 병기 리리움→ No.045

중장보병의 집합체 팔랑크스

창을 장비한 중장보병의 집합체가 바로 팔랑크스다. 훈련을 거듭한 그들이 짜내는 진형은 대열이 흐트러지는 일 없이 전진하며 적병을 압도했다. 말 그대로 인간병기라고 할 수 있다.

● 알렉산드로스 대왕이 사용한 인간병기

군대가 정비되고 조직화되자 많은 진형이 만들어지면서 전술 폭도 넓어졌다. 그중에서도 마케도니아에서 등장한 **팔랑크스**는 전장에서 발군의 위력을 자랑했다.

창병 256명으로 구성된, **스파이라**라고 불리는 중장보병 소부대의 집합체를 팔랑크스라고 하며, 그들은 길이 5.5m에 달하는 사릿사라는 매우 긴 창을 가지고 대열을 흐트러뜨리는 일 없이 적진을 덮쳤다. 중장보병은 방패와 투구, 정강이 보호대를 장비했기 때문에 방어도 완벽했다.

또한 옆에 있는 스파이라와 엇갈리게 대열을 짜서 부대 전체를 대각선으로 만들어, 인접 스파이라의 측면을 방어하는 등의 훈련도 쌓았다.

그리고 이 진형에서 모든 병사가 사릿사를 앞쪽으로 잡으면 적병들은 가까이 다가오지도 못한 채 각개격파를 당하고 만다. 또한 뒤쪽에 있는 병사들이 사릿사를 위쪽으로 올리고 휘둘러서 적이 쏜 투척병기를 떨궈냈다.

팔랑크스를 고안한 것은 기원전 350년경에 마케도니아의 왕이었던 필리포스 2세였다고 하며, 그 후에 알렉산드로스 대왕이 실전에서 통용되는 인간병기로 승화시켰다.

팔랑크스의 단점이라 한다면, 밀집진형을 유지하기 위해서 기동성이 극단적으로 떨어진다는 점이었다. 급격한 방향전환은 거의 불가능하며 측면에서의 공격에도 약했다. 그래서 팔랑크스가 발군의 효과를 발휘하는 것은 평탄한 전장뿐이었다. 팔랑크스는 적과 대치할 때까지 계속 직진만 하는 것이다.

하지만 고대 그리스 테베군의 에파메이논다스가 만들어낸 팔랑크스는 충분한 방향 전환 훈련을 해서, 어느 방향으로라도 재빠르게 같은 대형을 다시 만들 수 있었다고 한다.

팔랑크스를 구성하는 스파이라

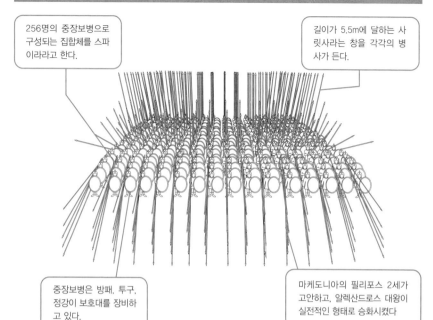

256명의 중장보병으로 구성되는 집합체를 스파이라라고 한다.

길이가 5.5m에 달하는 사릿사라는 창을 각각의 병사가 든다.

중장보병은 방패, 투구, 정강이 보호대를 장비하고 있다.

마케도니아의 필리포스 2세가 고안하고, 알렉산드로스 대왕이 실전적인 형태로 승화시켰다

팔랑크스의 약점

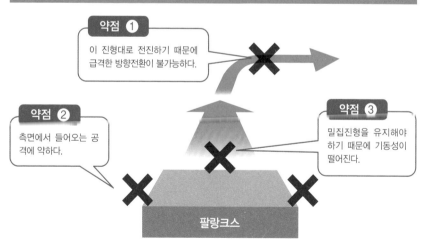

약점 ❶

이 진형대로 전진하기 때문에 급격한 방향전환이 불가능하다.

약점 ❷

측면에서 들어오는 공격에 약하다.

약점 ❸

밀집진형을 유지해야 하기 때문에 기동성이 떨어진다.

팔랑크스

관련항목

●팔랑크스는 어떤 전법으로 싸웠는가 ? → No.048

팔랑크스는 어떤 전법으로 싸웠는가?

마케도니아에서 발달한 중장보병의 밀집진형인 팔랑크스는 여러 전쟁에서 효과적이었으며, 마케도니아의 세력확대에 크게 기여했다. 여기서는 인간병기라고도 할 수 있는 팔랑크스의 실제 전투 사례를 소개하고자 한다.

● 팔랑크스를 격파한 로마군

마케도니아의 팔랑크스는 밀집대형만 무너지지 않는다면 무적이라 할 수 있을 정도의 강력함을 자랑했다. 기원전 331년, 알렉산드로스 대왕은 아르베라 지방에서 다리우스 왕이 이끄는 페르시아 군과 대치했다. 다리우스는 1000량의 전차와 낫전차를 준비하면서 필승을 다짐했지만, 알렉산드로스 대왕이 보유한 3만의 팔랑크스를 돌파하지 못하고 지고 말았다.

그러나 승전을 거듭하던 팔랑크스도 결국에 패배를 맛보게 된다. 바로 기원전 169년에 발발한, 로마군과 싸운 피드나 전투에서 팔랑크스의 최대 약점이 노출되고 만 것이다.

마케도니아가 준비한 팔랑크스는 총 21000이었고, 이외에도 보병 19000, 기병 4000이었다. 이에 맞서는 로마군은 보병 33000, 기병 5000으로 대항했다. 전투 초반에는 팔랑크스가 일방적으로 로마군을 압도했지만, 로마군은 각 병사가 2자루씩 들고 있던 창을 던지며 저항했다. 이 투창공격으로 마케도니아의 팔랑크스가 약간 무너지고, 거기다 지형에 기복이 있었기 때문에 각 부대의 전진속도가 변하기 시작하면서, 팔랑크스 부대는 흐트러지고 말았다. 팔랑크스는 평탄한 땅에서는 효과적인 진형이지만, 기복이 심한 장소에서는 적합하지 않았던 것이다.

당시에 6m이상의 사릿사를 사용했던 마케도니아 병사는 근접전에 약했기 때문에 로마군의 맹반격이 시작됐다. 기동성이 뛰어난 로마군이 흐트러진 팔랑크스의 배후 혹은 옆쪽으로 돌아서 공격을 가하게 되자, 팔랑크스는 괴멸하고 마케도니아의 패배가 확정된 것이다.

팔랑크스는 강력한 위력을 가지기는 했지만, 이러한 위력은 알렉산드로스 대왕이나 에파메이논다스와 같이 압도적인 통솔력이 있을 때만이 비로소 그 진가를 발휘하는 것이었다.

팔랑크스 VS 로마군

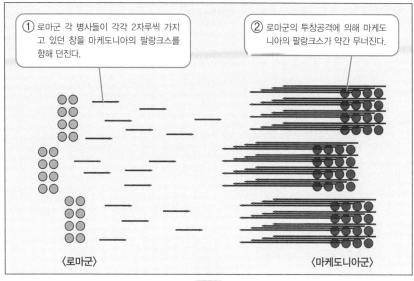

① 로마군 각 병사들이 각각 2자루씩 가지고 있던 창을 마케도니아의 팔랑크스를 향해 던진다.

② 로마군의 투창공격에 의해 마케도니아의 팔랑크스가 약간 무너진다.

〈로마군〉

〈마케도니아군〉

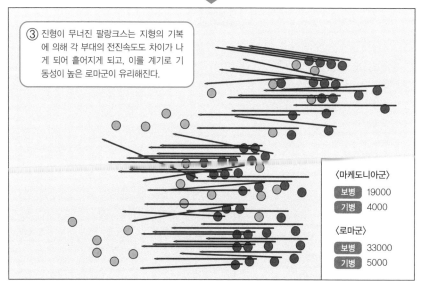

③ 진형이 무너진 팔랑크스는 지형의 기복에 의해 각 부대의 전진속도도 차이가 나게 되어 흩어지게 되고, 이를 계기로 기동성이 높은 로마군이 유리해진다.

〈마케도니아군〉
보병 19000
기병 4000

〈로마군〉
보병 33000
기병 5000

관련항목

● 중장보병의 집합체 팔랑크스→ No.047

철벽의 요새 · 에우리알로스와 마사다

고대 그리스가 낳은 천재수학자 아르키메데스가 고대 로마군의 공격을 막기 위해 고안했다고 전해지는 에우리알로스의 요새. 그리고 유대인들도 로마군의 공격을 막기 위해 마사다 요새를 건설했다.

● 난공불락의 요새 건설

군대가 조직되고 전투능력에 차이가 나게 되자 전력이 떨어지는 쪽은 농성을 하는 경우가 많았다. 병참의 확보가 어렵다고 여겨지는 포위전은 공격하는 쪽도 약간 소극적이었다.

그래도 아시리아나 고대 로마와 같이 포위전이 특기인 부대가 있었으며, 이러한 부대와 대치하는 경우에는 마을이나 성의 방어를 단단히 갖출 필요가 있었다. 그 결과, 로도스섬과 같은 난공불락이라 불리는 요새가 각지에서 나오기 시작했다.

그중에서도 로마의 포위전을 2년 이상이나 버텨낸 **시라쿠사의 에우리알로스 요새**는 누구나가 인정하는 난공불락의 요새였다. 에우리알로스 요새는 기원전 400년경에 만들어졌다. 높이 120m 정도의 고지대에 지어졌으며, 성의 정면에는 3중으로 파놓은 호가 성을 보호하고 있었다고 한다. 요새의 동쪽에는 막사와 저수조가 설치되었다. 에우리알로스를 요새화한 사람은 시라쿠사의 천재수학자인 아르키메데스였다. 그는 수많은 병기를 개발했지만, 성벽의 방어력 강화에도 천재적인 재능을 발휘했다. 아르키메데스는 먼저 투석기 등의 병기를 효과적으로 사용할 수 있는 배치를 생각해서 성벽을 다시 만들고, 여기에 몇 개의 탑을 세워서 끊임없이 로마군을 감시했다.

이외에도 기원전 30년대에 만들어진 **유대인의 마사다 요새**가 유명하다. 457m의 고지대에 세워진 요새는 성문이 2개밖에 없었지만, 뒤쪽으로는 절벽이었으며 주변에는 아무것도 없는 불모의 땅이었다. 공격군은 높은 지대에서 발사되는 쇠뇌의 화살과 투석기 돌탄환을 피할 방법이 없었다. 또한 성문이 깨졌을 때 경우의 대비도 게을리하지 않았다. 로마군은 요새 함락에 애를 먹었지만, 몇 개월에 걸쳐서 높이 206m에 달하는 가파른 흙산을 쌓고, 30m에 달하는 공성탑을 만들어서 난공불락을 자랑하는 마사다 요새를 결국 함락시켰다.

마사다 요새

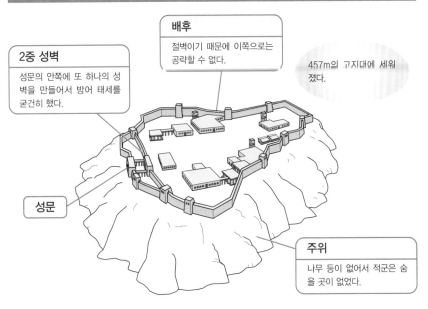

배후
절벽이기 때문에 이쪽으로는
공략할 수 없다.

2중 성벽
성문의 안쪽에 또 하나의 성
벽을 만들어서 방어 태세를
굳건히 했다.

457m의 고지대에 세워
졌다.

성문

주위
나무 등이 없어서 적군은 숨
을 곳이 없었다.

에우리알로스 요새

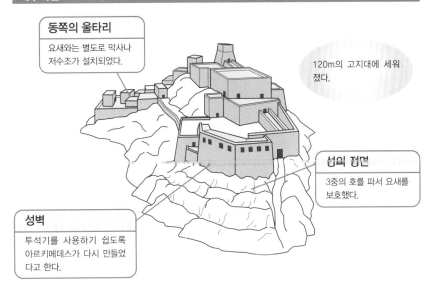

동쪽의 울타리
요새와는 별도로 막사나
저수조가 설치되었다.

120m의 고지대에 세워
졌다.

성의 정면
3중의 호를 파서 요새를
보호했다.

성벽
투석기를 사용하기 쉽도록
아르키메데스가 다시 만들었
다고 한다.

관련항목
● 고대병기를 막기 위한 요새의 발전→ No.004
● 포위전과 공성병기의 발달→ No.009

고대에서 중세로 — 화약의 발명

이미 앞에서 이야기 했듯이 병기 역사상에는 5번의 병기혁명이 있었다. 최초의 병기혁명인 활과 투석기가 발명된 지 약 3000년 후 2번째 혁명이 일어났다. 바로 화약의 발명이다.

화약의 발명은 특히 비상 병기를 바꿔놓았다. 화약이 발명되기 이전의 비상 병기의 대표격은 캐터펄트와 같은 투석기였지만, 화약의 발명으로 인해 철포나 대포와 같은 강력한 병기가 태어난 것이다.

화약이 언제 어디서 발명되었는지는 아직 명확하지 않지만, 11세기의 중국이라는 설이 유력하다. 적어도 13세기에 유럽에 전해진 것은 틀림없는 사실이다. 또한, 화약을 연소시켜서 물체를 날리는 방법을 만들어낸 것도 중국이라고 볼 수 있다.

먼저 중국에서는 「화창」이라는 화승총의 원형이 된, 흔히 말하는 손대포가 발명되었다. 이것은 짧은 시간 동안 화약을 방사할 수 있는 병기였으며, 주로 성의 수비병기로 사용되었다.

새로운 병기가 개발되고 이 병기가 효과적으로 활용되면, 그 병기에 개량을 가하는 것이 당연한 일이다. 화창 역시 연구가 거듭되어서 여러 가지로 개량이 되었다. 그러면서 중국인은 화창 안의 화약이 연소하면서 물체를 날릴 수 있는 힘이 생긴다는 것을 알게 된 것이다.

이렇게 늦어도 14세기 초까지는 화약을 사용해서 탄환을 발사하는 병기가 개발되었다.

11세기에 화약이 발명되었다고 가정하면, 화기라 불리는 병기가 탄생하기까지 200년 이상이라는 긴 시간이 필요했다는 것을 알 수 있다. 그러나 한번 개발된 병기는 빠르게 전파되기 마련이다. 그 후 수십 년 사이에 화기의 메커니즘이 유럽에 전해진 것이다. 14세기경에 그려진 유럽의 채색화에는 거대한 화살이 장전된 대포가 나와있다.

제3장

중국의
고대병기

중국에서 개발된 대형 활 · 상자노

중국에서 개발된 대형 투척병기인 상자노는 서양의 캐터펄트와 닮은 쇠뇌다. 그 크기는 2m의 활을 장전할 수 있을 정도로 거대했으며, 쇠뇌의 위력을 크게 향상시켰다.

●춘추전국시대에 개발된 대형 활

중국에서도 서양과 마찬가지로 병기로서 활이 발달했다. 더욱 많은 화살을 발사하거나 연속해서 발사할 수 있도록 개량을 더한 소형 활과는 별도로, 대형 활도 개발되었다. 그것이 **상자노**(상노)라고 불리는 활이었다.

이것은 쇠뇌 그 자체를 거대화시킨 것을 차량이나 나무 거치대 위에 고정하고 화살을 발사하는 투척병기다. 서양의 캐터펄트와 비교하면 사정거리, 위력 모두가 상자노의 승리라고 한다.

춘추전국시대(기원전 8세기~기원전 5세기)에는 이미 개발되어 있었다고 『묵자』에 기록이 남아있다. 교차라고 불리는, 감는 식의 핸들을 돌려서 현을 감고 아(어금니)라 불리는 고정기에 현을 설치한 다음 화살을 놓는다. 그리고 곤봉으로 아를 때리면 화살이 발사되는 구조다.

이 무렵 상자노는 방어용으로 사용되어, 현을 잡아당기는데 10명이상의 인원이 필요했다고 한다. 장전하는 화살은 2m에 달했기 때문에 화살이라기보다는 창에 가까웠다.

그 후 남북조시대, 당대, 송대로 이어지면서 발전했다.

크기도 다양했는데 남조(420~587년)에서 개발된 **신노라 불린 상자노**는 5m의 화살을 장전할 수 있을 정도로 거대했다고 한다.

상자노는 그 거대한 크기 때문에 장전을 하는데 시간이 걸려서, 다음 화살을 발사할 때까지 오래 걸린다는 단점이 있었다. 또한 한 번 목표를 조준하고 나면 방향을 전환하는 것이 불가능했다. 그래서 주로 공성무기로 사용되었고, 야전에서 활약하는 경우에는 밀집된 부대를 목표로 사용되었다.

이외에도 성벽에 화살을 다수 쏴 넣어서 성벽에 박힌 화살을 발판으로 삼는 **답궐전** 등의 상자노가 개발되기도 하였다.

상자노의 구조

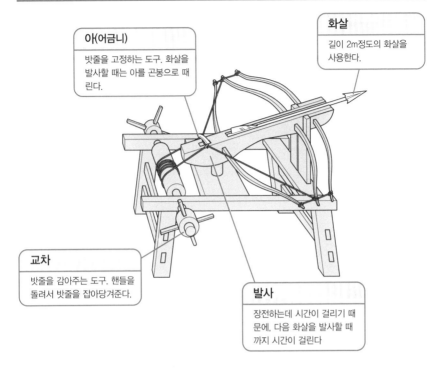

아(어금니)
밧줄을 고정하는 도구. 화살을 발사할 때는 아를 곤봉으로 때린다.

화살
길이 2m정도의 화살을 사용한다.

교차
밧줄을 감아주는 도구. 핸들을 돌려서 밧줄을 잡아당겨준다.

발사
장전하는데 시간이 걸리기 때문에, 다음 화살을 발사할 때까지 시간이 걸린다

답궐전을 사용한 공성

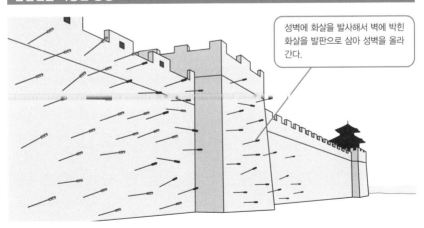

성벽에 화살을 발사해서 벽에 박힌 화살을 발판으로 삼아 성벽을 올라간다.

관련항목
- 누구나 다 사용할 수 있는 활로 개발된 발리스타→ No.016
- 제갈량이 개발했다는 연노란 어떤 무기인가→ No.051

제갈량이 개발했다는 연노란 어떤 무기인가

연사와 대량발사가 가능하고 상자노보다 소형인 병기가 연노다. 18발의 화살을 한 번에 수납할 수 있었다고 한다. 삼국시대의 제갈량이 독자적인 연노를 고안했다는 것으로도 알려져 있다.

● 삼국시대에 사용된 연사식 쇠뇌

쇠뇌는 활이 발전된 병기로 방아쇠를 사용해서 화살을 발사한다. 이것을 연발로 발사하거나 한 번에 대량의 화살을 발사할 수 있게 개발한 것이 바로 **연노**다. 연노는 전장이 30㎝정도로 상자노와 비교하면 매우 크기가 작은 병기다. 연노에는 탄창이 있어서 최대 18발의 화살을 넣을 수 있으며, 핸들을 밀거나 당기는 것만으로도, 화살이 자동적으로 장전되는 구조였다. 연노는 춘추전국시대(기원전 8세기~기원전 5세기)에 이미 사용되었다는 기록이 있으며, 또한 한의 무제 때는 이릉이라는 무장이 흉노의 단우를 연노로 쐈다는 기록이 남아있다.

그리고 삼국시대가 되면 촉의 제갈량이 독자적인 연노를 개발한다. **원융**이라 불리는 것이지만 상세한 사항은 명확하지 않으며, 한 번에 10발의 철화살이 발사되었다는 설도 있고 10발의 철화살을 연속해서 발사했다고도 한다. 크기에 대해서도 여러 가지 설이 있는데, 개인이 휴대할 수 있는 정도의 크기였다는 설이 있으며, 한편으로는 철화살의 길이가 18.4m정도로 대차 위에 올려서 운반하는 대형병기였다는 설도 있다.

『화양국지』라는 문헌에 의하면 제갈량은 연노사라 불리는 3000명의 정예를 선발해서 적갑군이라는 부대를 만들었다. 또한 제갈량은 연노를 효과적으로 야전에서 사용할 수 있도록 팔진 진형을 만들어냈다고 전해진다.

제갈량의 연노는 227년부터 시작한, 위를 상대로 한 북벌에 사용되었다고 하며, 이때 위에도 연노가 알려졌다고 한다. 위의 무장 마균은 제갈량의 연노를 더욱 개량해서 위력을 5배 끌어올렸다고 전해진다. 또한 238년에 위의 사마의가 공손연을 양평에서 공격했을 때, 연노가 사용되었다는 기록이 남아있다. 그 후 명나라 시대에 이르러 10발의 화살을 연발로 연사하는 연노가 개발되었는데, 제갈량의 이름을 따서 제갈노라고 이름 지었다.

연노의 구조

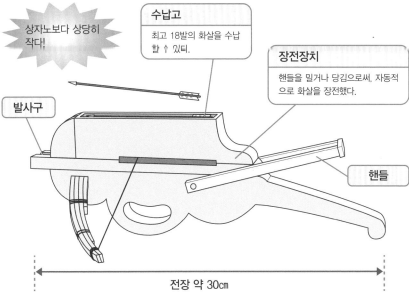

상자노보다 상당히 작다!

수납고
최고 18발의 화살을 수납할 수 있다.

장전장치
핸들을 밀거나 당김으로써, 자동적으로 화살을 장전했다.

발사구

핸들

전장 약 30cm

전설의 병기 원융이란?

원융이란, 삼국시대의 군사 제갈량이 고안했다고 전해지는 전설의 병기다. 상세한 사항은 알려지지 않았으며 크기에 대해서도 여러 가지 설이 존재한다.

제갈량

크기

설①	설②
개인이 휴대할 수 있을 정도의 크기	철화살의 길이가 무려 18.4m에 달할 정도의 크기.

화살의 발사

설①	설②
한 번에 10발의 화살을 발사할 수 있다.	10발의 화살을 연속으로 발사할 수 있다.

관련항목
●중국에서 개발된 대형 활·상자노→ No.050

고대 중국에서 발전한 투척병기

고대 유럽에서도 사용되었던 슬링과 비슷한 병기가 고대 중국에도 존재하며, 중국에서는 비석삭이라 불렸다. 이외에도 원반형태의 철판을 던지는 병기도 있었다.

● 비석삭과 비요라는 투척병기

쇠뇌 이외에도 고대 중국에서 사용된 투척병기는 존재한다.

먼저 고전적인 투척병기로서, 고대 유럽에서도 가장 오래된 투척병기 중 하나로 알려진 투석띠가 있다. 유럽에서는 슬링이라고 하지만, 중국에서는 **비석삭**이라고 부른다.

비석삭에는 **단고비석삭과 쌍고비석삭**, 이렇게 2종류가 있었다.

단고비석삭은 밧줄의 끝부분에 돌팔매용 돌을 묶어서 던지는 것으로, 매우 단순한 것이었다.

쌍고비석삭은 양쪽 끝에 고리가 묶인 긴 밧줄의 중심에 돌을 넣는 주머니가 있고, 손가락에 고리를 걸어서 날린다. 주머니에는 여러 개의 돌을 집어넣을 수도 있었으며, 단고비석삭보다 타격력이 높았고 비거리도 뛰어났다.

이 2개의 비석삭의 발생시기는 불명확하지만, 춘추전국시대의 전장에서는 사용되었던 것 같다.

이외에도 **비요**라는 투척병기가 있다.

이것은 원반형태인 2장의 철판을 끈으로 연결해서 던지는 병기다. 철판이 아닌 동판을 사용하는 경우도 있었다고 한다. 원반의 가장자리 부분은 날카롭게 갈려있었고, 회전을 시키며 던지면, 이 부분이 상대방을 찢어놓았다.

비요는 누구나가 사용할 수 있는 병기가 아니었기 때문에 비요를 다루려면 훈련이 필요했다. 그래서 전장에 비요가 투입되는 경우에는, 숙련된 기술자가 사용했었고 그 위력이 대단했다. 달인의 경지에 다다르면 나무를 절단하고 바위도 깨버린다고 전해지지만, 나무를 절단하는 것은 가능할지 몰라도, 정말로 바위를 깨뜨렸는지는 의문이다.

이 비요는 5세기경 후반의 남북조시대 무렵에 등장했다고 추측되고 있다.

단고비석삭과 쌍고비석삭

【단고비석삭】

밧줄 끝부분에 돌팔매용 돌을 묶고 던져서 날린다.

【쌍고비석삭】

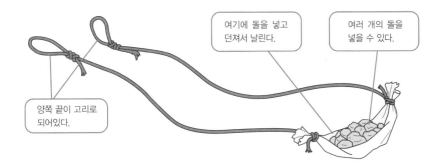

여기에 돌을 넣고 던져서 날린다.

여러 개의 돌을 넣을 수 있다.

양쪽 끝이 고리로 되어있다.

비요

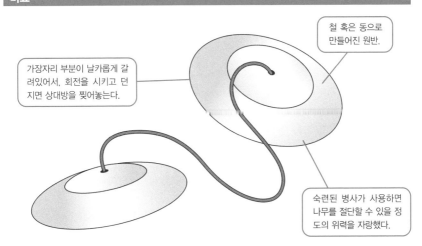

철 혹은 동으로 만들어진 원반.

가장자리 부분이 날카롭게 갈려있어서, 회전을 시키고 던지면 상대방을 찢어놓는다.

숙련된 병사가 사용하면 나무를 절단할 수 있을 정도의 위력을 자랑했다.

관련항목

● 인류가 최초로 발명한 병기 · 슬링→ No.012
● 팔라리카 , 플룸바타에…여러 가지 창 병기→ No.021

암살 무기로 사용된 소형병기 · 탄궁

「탄궁」이란, 그 이름과는 반대로 화살을 쏘는 병기가 아니다. 기원전 8세기에는 이미 세상에 나와있던 고대 병기 중 하나로, 그 특성을 살려서 암살용 병기로 사용되는 경우가 많았다.

● 춘추전국시대에 만들어진 돌이나 철탄을 발사하는 활

탄궁은 고전적인 병기이긴 하지만, 중국에서는 친숙한 병기 중 하나로서, 투석병기에 이어 중국에서 개발되었다고 한다. 형태는 활과 닮았지만, 쇠뇌나 보통 활보다 더 작으며 활의 현 한가운데에 가죽으로 된 자루 형태의 것이 달려있다. 이는 화살 대신에 돌탄환이나 철탄환을 가죽에 설치해서 날리는 병기다. 끈 형태의 투석기에서 발전한 것으로, 살상능력이 비약적으로 향상되었다. 또한 조준하기가 쉬워져서 명중률도 높아졌다.

탄궁은 기원전 5세기경까지는 실제 전장에서 병기로 사용되었던 것 같지만, 지근거리에서의 위력은 높은 반면에 사정거리가 짧았기 때문에, 같은 시기인 기원전 5세기에 등장한 쇠뇌에게 병기의 자리를 양보했다. 그리고 그 후에는 주로 작은 동물을 잡는 수렵용으로 사용되었다.

그러나 시대가 흐르면서 탄궁은 그 특성을 살려서 암기용 병기로 부활한다. 암기란 암살대상 인물에 가까이 다가가서 확실하게 목숨을 빼앗기 위한 병기를 말한다. 그때까지의 암기에는 단도와 같은 것이 사용되었으나, 이러한 암기는 상당히 가까운 거리까지 접근해야만 했다. 하지만 탄궁은 거리를 벌리고 저격이 가능했기 때문에 이러한 단점이 해소되었다.

탄궁은 간단하게 휴대할 수 있을 정도로 개량되어, 돌탄환이나 철탄환을 가지고 상대의 머리를 향해 발사했다. 탄궁을 암기로 사용하는데 있어서, 장점으로 활과 같이 발사음이 나지 않는 점과 탄환도 작기 때문에 적에게 잘 들키지 않는다는 점을 들 수 있다. 여기에 탄환의 휴대나 조달 역시 다른 병기에 비해서 매우 간단했기 때문에 암기로 사용되었을 것이다.

참고로 『서유기』나 『봉신연의』에서 중국의 신 현성이랑진군이 사용하는 병기로 탄궁이 등장한다. 이랑진군의 무기로는 삼첨도 쪽이 유명하지만, 그가 다루는 탄궁은 말 그대로 신의 경지에 이르렀다고 한다.

탄궁의 형태

탄궁이란, 활을 변형시킨 투척병기로 돌탄환이나 철탄환 등을 날렸다.

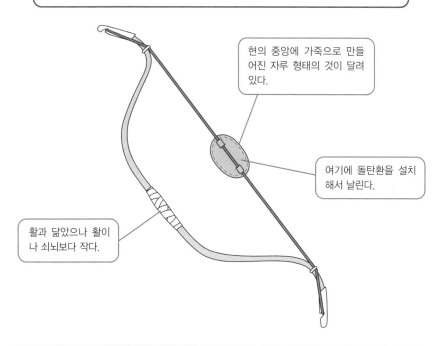

현의 중앙에 가죽으로 만들어진 자루 형태의 것이 달려 있다.

여기에 돌탄환을 설치해서 날린다.

활과 닮았으나 활이나 쇠뇌보다 작다.

탄궁의 특징

1
형태는 활과 닮았지만, 화살이 아닌 돌이나 철탄환을 날린다.

2
지근거리에서의 위력은 뛰어나지만, 사정거리가 짧은 것이 단점이다.

3
시대가 지나 다른 병기가 발달을 하자 암기로서 사용하게 되었다.

4
활이나 쇠뇌보다 작기 때문에 휴대가 간편하다.

관련항목

● 중국에서 개발된 대형 활·상자노→ No.050

공성전에서 사용된 중국식 파성추 · 충차

중국은 유럽대륙과는 다르게 성벽이 많은 나라였다. 그래서 공성전이 자주 벌어져서 공성병기 역시 개발과 진화가 이뤄졌다. 「충차」는 중국식 파성추다.

● 추를 사용한 공성병기

만리장성으로 대표되듯이 중국에서는 도시를 지키기 위한 성벽이 많이 만들어져서, 이 성벽을 사이에 두고 대치하는 전투도 많았다. 야전에서만 강해서는 중국의 전투에서는 계속해서 승리를 거둘 수 없었다. 그래서 성을 공략하는 공성병기, 그리고 성을 지키기 위한 방어병기가 많이 만들어졌다.

충차는 공성병기 중 하나로서 **당차**라고 불리는 경우도 있다. 4개의 바퀴가 달린 대차 위에 대를 세우고 여기에 성벽을 부수기 위한 **당추**라는 추, 즉 파성추를 단 것이다. 당추는 철로 되어있는 경우가 많았다.

사용법은 대 안에 여러 명의 병사가 올라타고, 진자 형태의 파성추를 여러 명이 밧줄로 조종해서 파성추를 흔들어 성벽을 파괴했다.

충차는 춘추전국시대(기원전 8세기~기원전 5세기)에 등장한 병기로, 꽤나 오랜 기간 동안 사용되었다. 그중에서도 당대에 일어난, 783년의 봉천 공방전에서 사용된 충차는 운교라고도 불리며 폭이 100m이상인 매우 거대한 것이었다. 또한 1851년 태평천국의 난에서도 사용된 것이 확인되었으니 상당히 생명력이 긴 병기였다는 것을 알 수 있다.

충차는 공성전에서 당시의 필수병기로서 많이 사용되었지만, 반면에 크기가 거대했기 때문에 적군의 공격목표가 되기 쉽다는 단점도 같이 가지고 있었다.

따라서 장갑을 튼튼하게 만들거나 불에 타지 않도록 가죽을 몇 겹씩 씌우는 형태로 개량되었지만, 사람의 힘으로 움직였기 때문에 이동속도를 빠르게 할 수 있는 방법은 없었다. 충차에 대한 효과적인 공격수단은 갱도를 판 다음, 그 안에 충차를 떨어트려서 파괴하거나, 아니면 충차에 마른 풀을 뿌린 다음 불태우는 것이었다.

충차의 구조

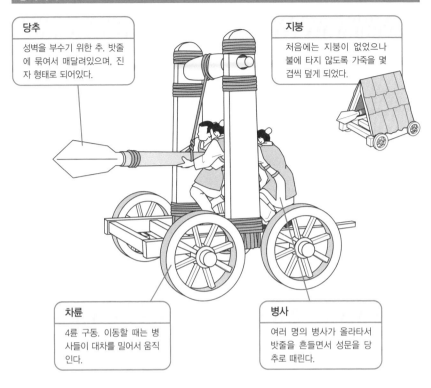

당추

성벽을 부수기 위한 추. 밧줄에 묶여서 매달려있으며, 진자 형태로 되어있다.

지붕

처음에는 지붕이 없었으나 불에 타지 않도록 가죽을 몇 겹씩 덮게 되었다.

차륜

4륜 구동. 이동할 때는 병사들이 대차를 밀어서 움직인다.

병사

여러 명의 병사가 올라타서 밧줄을 흔들면서 성문을 당추로 때린다.

충차로 성문을 돌파한다

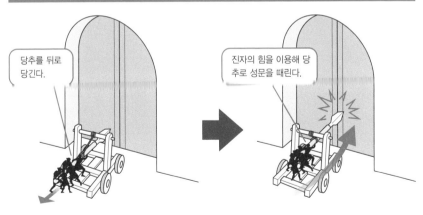

당추를 뒤로 당긴다.

진자의 힘을 이용해 당추로 성문을 때린다.

관련항목
- 포위전과 공성병기의 발달→ No.009
- 성벽을 파괴하는 파성추의 위력→ No.041

공성전의 필수병기 · 분온차

분온차는 중국의 공성전에서 사용된 공성병기 중 하나다. 분온차란 전투 요원을 성벽 앞까지 운반하는 차량으로서 10명 정도가 타고 이동했다.

● 성안으로 돌입하는 병사를 운반하는 차량

고대 중국의 병법서인 『손자』에는 공성은 어쩔 수 없는 경우에만 하는 것으로, '공성을 할 때는 망루와 **분온차**를 먼저 정비하고, 그 외 공성도구를 준비해야 한다'라고 적혀있다.

여기서 등장하는 분온차란 춘추전국시대(기원전 8세기~기원전 5세기)부터 사용되었던 공성병기의 일종이다.

분온차는 전투요원을 성벽까지 운반하는 차량병기로 대략 10명의 병사가 탈 정도의 크기였다. 내부에서도 움직일 수 있도록 사람이 타는 곳 이외에는, 대를 조금씩 사이를 띄어서 만든 툇마루 모양처럼 만들어 놓아서, 안쪽에서도 밀어주면 전진할 수 있는 구조로 되어있다.

춘추전국시대 때는 평면이었던 지붕이 위에서 오는 공격에 약했기 때문에, 양대(548년경)에 건강을 포위한 후경이라는 무장이 분온차의 지붕을 삼각형 모양으로 바꿨다고 전해진다. 경사를 주는 것으로 낙석과 같은 충격을 분산시킬 수 있었다.

분온차의 앞면은 성벽에 도달한 후 바로 공격행동으로 옮길 수 있도록, 처음에는 덮개가 되어있지 않은 무방비 상태였기 때문에, 방패를 든 병사가 앞 열에 포진해서 분온차를 노리는 공격을 막았다. 그리고 불에 잘 타지 않도록 소가죽으로 전체를 덮은 다음 그 위에 진흙을 바르기도 했다.

분온차는 대형병기였기에 이동속도가 늦어서, 화기의 발달로 포와 같은 병기가 나오자 공격목표가 되었고, 결국 분온차는 전장에서 더 이상 보이지 않게 되었다.

그래도 9세기경까지는 유력한 공성병기로 사용되었으며, 「분온을 닦다」라는 말이 '전쟁준비를 갖추다'라는 뜻을 의미할 정도였다.

분온차의 외관

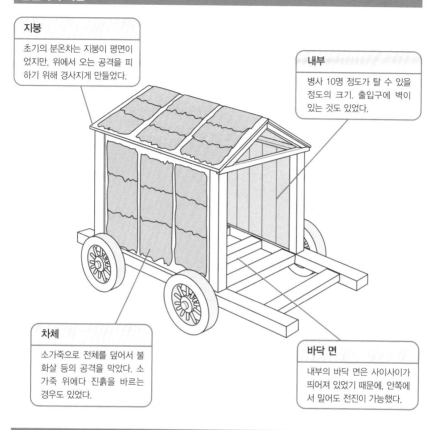

지붕

초기의 분온차는 지붕이 평면이었지만, 위에서 오는 공격을 피하기 위해 경사지게 만들었다.

내부

병사 10명 정도가 탈 수 있을 정도의 크기. 출입구에 벽이 있는 것도 있었다.

차체

소가죽으로 전체를 덮어서 불화살 등의 공격을 막았다. 소가죽 위에다 진흙을 바르는 경우도 있었다.

바닥 면

내부의 바닥 면은 사이사이가 띄어져 있었기 때문에, 안쪽에서 밀어도 전진이 가능했다.

분온차의 사용법

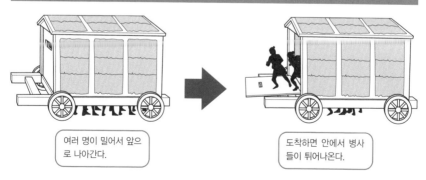

여러 명이 밀어서 앞으로 나아간다.

도착하면 안에서 병사들이 튀어나온다.

관련항목

● 공성전에서 사용된 중국식 파성추 · 충차→ No.054

중국식 공성 사다리 · 운제

서양보다 공성병기가 잘 발달할 수 있는 토양이었던 중국에서는, 높은 성벽을 넘기 위한 병기로서 「운제」가 개발되었다. 이것은 성벽을 넘기 위한 사다리였다.

● 접이식 사다리를 탑재한, 성벽을 오르기 위한 병기

　운제는 높은 성벽을 넘기 위해 개발된 공성병기다. 대차 위에 거대한 목제 사다리를 갖췄으며, 사다리는 접이식으로 되어있고 그 끝부분에는 성벽에 사다리를 걸기 위한 갈고리가 달려있었다.

　그리고 사다리의 끝부분을 밧줄로 묶어서, 그 밧줄을 잡아당기면서 사다리의 각도를 조절했다. 사다리의 길이는 공략하는 성에 따라 천차만별이었지만, 개중에는 10m가 넘는 것도 있었다.

　운제는 춘추전국시대의 기원전 8세기부터 사용되기 시작해서 청대(19세기경) 때까지 사용되었다고 할 정도로 전장병기로서는 매우 우수한 것이었다. 운제를 발명한 것은 후세에 공예의 신으로 추앙받은 초의 공륜반이라는 인물이었다고 한다.

　또한 대차에는 병사들이 올라탔으며, 이 병사들이 쇠뇌로 공격을 했다.

　운제로 들어오는 공격의 대처법은, 다른 공성병기와 마찬가지로 일단은 불화살을 쏴서 불태워버리는 방법이었다. 그러나 이 방법은 소가죽으로 운제 전체를 감싸고 진흙을 바른 경우에는 그 위력이 경감되었다.

　성벽에서 돌을 던져 파괴하는 방법도 있었지만, 사다리를 길게 만들어서 성벽과 거리를 두게 되자 이 방법도 시대가 지날수록 효과가 없어졌다.

　그 후 성벽 앞에 또 하나의 울타리를 만들어서 운제를 그 이상 전진시키지 못하게 만드는 것이 가장 효과적인 방어수단이 됐다.

　또한 삼국시대(3세기경)에는 성벽에 설치해서 거대한 돌을 던지는 성황대라는 수성병기가 있었는데, 이것이 운제를 파괴하는데 매우 효과적이었다고 한다.

운제의 구조

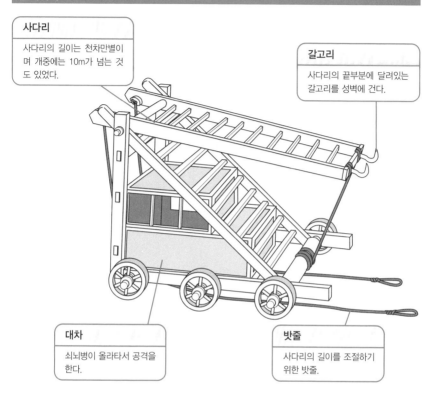

사다리
사다리의 길이는 천차만별이며 개중에는 10m가 넘는 것도 있었다.

갈고리
사다리의 끝부분에 달려있는 갈고리를 성벽에 건다.

대차
쇠뇌병이 올라타서 공격을 한다.

밧줄
사다리의 길이를 조절하기 위한 밧줄.

운제의 사용법

접혀있던 사다리를 편다.

관련항목
- 공성병기의 원점이라고 할 수 있는 공성 사다리→ No.037
- 운제보다 크기가 작은 공성 사다리 · 탑천차→ No.057

운제보다 크기가 작은 공성 사다리 · 탑천차

삼국시대에 운제와 같이 사용된 공성사다리가 바로 탑천차다. 구조나 사용법은 운제와 같지만, 운제보다 작았기 때문에 현장에서 바로 만드는 것도 가능했다고 한다.

● 운제를 작게 만들어서 대량생산이 가능했다

운제보다 짧은 사다리를 탑재한 공성병기를 **탑천차**라고 한다. 탑천차의 사다리 역시 접이식으로 크기가 작기 때문에 소규모의 공성이나 기동성이 필요한 공성전에서 사용되었다. 형태나 사용법은 운제와 마찬가지인데, 사다리 끝부분에 갈고리가 달려있고 밧줄을 잡아당겨서 사다리를 폈다. 단 운제와 같이 병사들이 올라타는 상자는 없었다.

탑천차는 운제보다 작기 때문에 운제와는 다르게 대량생산이 가능했다. 삼국시대의 191년에 오의 손견이 형주의 유표를 공략할 때 성에 진입하기 위해 이 탑천차를 사용했다고 한다. 또한 마찬가지로 삼국시대의 228년에 촉의 제갈량이 위의 진창성을 공략했을 때 100대의 운제를 사용해서 전투를 했다고 나와있지만, 아마도 운제가 아닌 탑천차였을 것이라고 한다. 이때 진창성을 지키는 장수 학소는 불화살을 쏴서 촉군의 탑천차를 불태웠다.

제갈량의 경우 현지에서 탑천차를 만들었기 때문에 장갑을 씌울 여유가 없어서 불화살에 당했지만, 대부분의 탑천차는 운제와 마찬가지로 소가죽으로 장갑을 덮어씌웠다. 또한 운제와는 다르게 재빠른 방향전환이 가능했기 때문에, 울타리 등과 같은 장애물로 인해 전진을 못하는 경우는 없었다. 그래서 탑천차의 공격을 방어하기 위해 사용한 것이 **차간**과 **저고**와 같은 병기였다. 차간이란 창 끝이 포크처럼 2갈래 혹은 3갈래로 갈라진 자루가 긴 병기로, 더욱 높은 공격력을 내기 위해 끝부분을 매우 날카롭게 만들었다. 이는 전체 길이가 5~6m에 달하는 장창과 같은 형태였다. 탑천차에서 성벽에 사다리를 걸려고 할 때 2갈래로 갈라진 창 끝으로 사다리를 받아내서 성벽에 사다리를 걸지 못하게 했다.

또한 탑천차에서 병사가 성벽으로 옮겨 붙었을 경우에는 차간 등으로 성벽 위에서 적병을 찌르면서 성으로 기어오르는 것을 막았다. 이러한 방법은 운제의 경우에도 마찬가지였다.

탑천차의 형태

운제와의 차이

운제보디 크기기 크다.

· 병사가 올라타기 위한 상자가 없다.

갈고리

끝부분에 달려있는 갈고리를 성벽에 걸어서 고정한다.

사다리

운제와 마찬가지로 접이식 사다리가 달려있다. 운제보 다 크기가 작다.

밧줄

밧줄을 사용해서 사다리 를 편다.

차간이란 ?

탑천차나 운제를 사용해서 성벽에 달라붙은 적병이 성에 기어올라오는 것을 막기 위한 병기다.

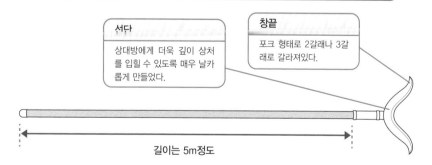

서다

상대방에게 더욱 깊이 상처 를 입힐 수 있도록 매우 날카 롭게 만들었다.

창끝

포크 형태로 2갈래나 3갈 래로 갈라져있다.

길이는 5m정도

관련항목

● 중국식 공성 사다리 · 운제→ No.056
● 공성병기의 원점이라고 할 수 있는 공성 사다리→ No.037

공성전에서 병사들을 지키기 위한 병기 · 목만과 포만

운제와 탑천차에 탄 병사는 성 안에 있는 적에게 있어서 절호의 표적이 된다. 그래서 이러한 병사들을 지키기 위해 개발된 것이 「만」이었다. 나무로 만든 만을 「목만」이라 하고, 천으로 만든 만을 「포만」이라고 했다.

● 적의 공격으로부터 병사들을 지키기 위한 거대한 방패

운제나 탑천차에는 방패와 같은 방어병기가 설치되어 있지 않았기 때문에 사다리를 오르는 병사들은 무방비상태였으며, 적군의 입장에서는 그야말로 절호의 표적이었다.

그래서 등장한 것이 **만**이라고 하는 방어병기였다.

만은 간단하게 이야기하면 거대한 방패다. 나무로 만든 만은 **목만**이라 했으며, 삼노 끈으로 두껍게 짜서 만든 만을 **포만**이라고 했다. 목만은 공성용으로, 포만은 수성용으로 사용되는 경우가 많았다고 한다. 그 이외에 대나무로 만든 **죽만**도 있었다. 포만은 목만이나 죽만보다 가벼웠기 때문에 나무 장대에 매단 채로 사용할 수 있었다.

만은 목만과 포만 둘 다 대차 위에 설치해서 이동이 가능했으며, 병사들의 움직임에 맞춰서 방패역할을 했다. 또한 불화살 등으로 불에 타지 않도록 진흙을 발라서 불이 붙는 것을 방지했다.

춘추전국시대(기원전 8세기~기원전 5세기)경에는 이미 사용되었는데 『묵자』에서는 답이라 불렸었다. 그러나 후한(25~220년)시대가 되자 답이 무엇을 가리키는지 알 수 없게 돼서 만이라는 이름으로 바꿔서 불렀다고 한다.

546년 동위의 무장인 고환이 서위를 공격했을 때 만을 사용한 흔적이 남아있다. 서위의 무장인 위효관은 고환군의 공격에 대항할 대책으로 포만을 만들어서 고환군의 공격을 막아냈다고 한다.

이와 같이 만은 운제나 탑천차의 방어뿐만 아니라 모든 공격에 대한 방어법으로 자주 사용되었다. 강력한 투석기나 연노 공격에도 병사들을 지켰다고 전해진다. 그러나 화기가 발달하면서, 병기의 화력이 증가하자 만의 존재의미는 없어지고 말았다.

여러 가지 만

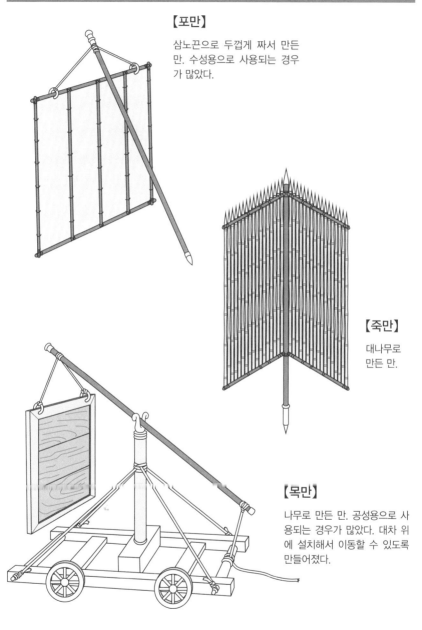

【포만】
삼노끈으로 두껍게 짜서 만든 만. 수성용으로 사용되는 경우가 많았다.

【죽만】
대나무로 만든 만.

【목만】
나무로 만든 만. 공성용으로 사용되는 경우가 많았다. 대차 위에 설치해서 이동할 수 있도록 만들어졌다.

관련항목
● 중국식 공성 사다리 · 운제→ No.056
● 운제보다 크기가 작은 공성 사다리 · 탑천차→ No.057

이동식 거대 공성탑 · 정란

삼국지를 대표하는 대전 중 하나인 관도대전에서 활약한 공성병기가 「정란」이다. 전장 10m를 넘는 대형병기로 이러한 정란을 사용해서 원소는 조조를 궁지에 몰아넣었다.

● 성벽 위의 적을 공격하기 위한 거대한 공성병기

정란은 대차 위에 망루를 만든 이동식 거대 공성병기다. 성벽 위에 있는 적병에게 공격을 할 수 있도록 높이가 10m이상인 것도 많았으며, 꼭대기의 망루에는 일반적으로 궁병이나 쇠뇌병이 배치되어 있었다. 거대병기였기 때문에 전투를 할 때마다 완성된 상태 그대로의 정란을 가지고 가는 것이 아닌, 해체한 것을 전장으로 운반하고 그 후에 다시 조립하는 형태였다.

정란이 개발된 것이 언제인지는 정확하지 않지만, 삼국시대(3세기)의 공성전에서는 확실히 사용되었다. 200년에 발발한 조조와 원소의 관도대전에서는 원소군이 정란을 사용해 조조를 궁지에 몰아넣었다.

조조가 숨어있는 관도성을 포위한 원소는 다수의 정란을 만들고, 그 위에서 무수히 많은 화살을 쏴대면서 조조를 궁지에 몰아넣었지만, 결국에는 조조군의 발석차에 의해 정란이 파괴되고 말았다.

활보다 비거리가 긴 쇠뇌와 제갈량이 발명한 연노를 같이 사용하면 상당한 공격력을 발휘했을 텐데 어째서인지 관도대전 이후의 삼국시대 전투에서는 정란의 이름이 거의 등장하지 않는다.

촉이 진창을 공격했을 때 현지에서 조달한 것은 운제(혹은 탑천차)와 충차뿐이었으며 정란을 사용했다는 기록을 찾아볼 수 없다. 다른 공성전에서도 활약하는 것은 오로지 충차나 운제, 가교차와 같은 종류의 병기였다. 당시 공성전에 있어서 정란은 어디까지나 예비적인 병기라고 생각했었던 것 같다. 그 거대한 크기로 인해 쉽게 수비군의 발석차의 표적이 된다는 단점도 있었고, 쉽게 해체할 수 있도록 나무로 만들었기 때문에 화공에 당하기 쉬웠던 단점도 있었다.

정란은 관도대전 때와 같이 공격군에 여유가 있는 경우에 위력을 발휘했을 것이다.

정란의 형태와 단점

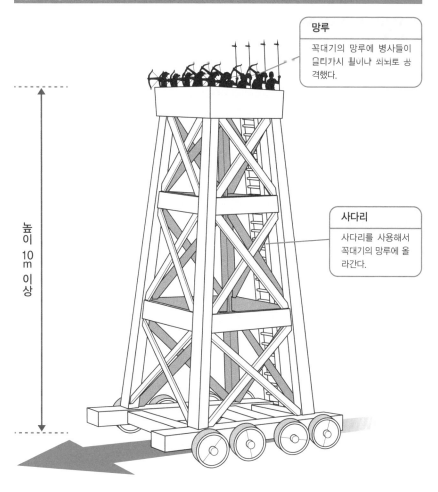

망루

꼭대기의 망루에 병사들이 올라가서 활이나 쇠뇌로 공격했다.

사다리

사다리를 사용해서 꼭대기의 망루에 올라간다.

높이 10m 이상

단점 ❶

높이 10m에 달하는 거대한 병기였기 때문에, 전장에서 눈에 잘 띄었고 결국 적군의 공격 목표가 되기 쉬웠다.

단점 ❷

조립과 해체를 하기 쉽도록 나무로 만들었기 때문에 불에 약했다

단점 ❸

공성군에게 여유가 있는 경우에는 위력을 발휘하는 병기였으나, 대병력 부대가 없는 경우에는 사용할 수 없었다

관련항목

●성을 공격하기 위한 필수병기인 공성탑의 출현→ No.038

적군 정찰용으로 사용된 병기 · 소차

적의 동태를 관찰하기 위해서는 가능한 한 높은 곳에서 보는 것이 효율이 좋다. 그래서 발명된 병기가 「소차」다. 병사들이 올라탄 곤돌라가 위아래로 움직였으며 높이는 10m정도였다.

● 이동식 감시대

전장에서 반드시 해야만 하는 것이 적군의 정보를 수집하는 일, 바로 정찰활동이다. 대부분의 경우에는 장거리이동이 쉬운 기병을 척후로 먼저 보내거나, 나무 위에 올라가서 적진을 관찰했었다. 그리고 전장이 평지이거나 적진이 높은 장소에 있는 경우에 사용한 병기가 **소차**였다.

소차는 8개의 바퀴가 달린 이동식 차량병기로 2,3명의 병사가 탑승한 곤돌라를 위로 올려서 성벽보다 높은 위치에서 성 안을 정찰 할 수 있도록 만들어졌다. 곤돌라에는 4면에 창문이 있었다. 곤돌라가 새의 둥지와 비슷하다 해서 소차라고 불리게 되었다고 전해진다. 또한 곤돌라를 판옥이라 부르기도 했다.

소차의 높이는 10m이상인 것이 많았는데, 횡량이라 불리는 회전식 축에 밧줄을 걸고, 이 밧줄을 잡아당겨 성벽의 높이에 맞추면서 곤돌라의 위치를 조절했다고 한다.

공성전이 많았던 중국에서는 춘추전국시대(기원전 8세기~기원전 5세기) 무렵 곤돌라를 고정한 정찰용 차가 개발되었다. 처음에는 소차가 아닌 **헌차**라고 불렸다. 이 헌차는 『묵자』에서도 주요한 공성병기 12가지 중 하나로 뽑혔다.

소차의 곤돌라는 한쪽 면에 소가죽 등을 덮어씌웠기 때문에 화살이나 돌탄환과 같은 종류의 투사체에 강했으며, 여기에 진흙을 발라서 내화성을 높였다. 비록 공성병기로 분류가 되긴 하지만, 곤돌라에는 사람 수만큼의 작은 창문이 나있을 뿐이고, 이 창문으로 공격을 하기는 힘들었다.

또한 소차와는 별도로, 곤돌라가 아닌 대차 위에 상자를 설치해놓기만 한 정찰용 병기도 있었는데, 이것은 **망루차**라고 부르며 소차와 구별했다. 망루차는 소차보다 작고, 곤돌라는 고정식이며 발판을 사용해서 위로 올라갔다.

소차의 구조

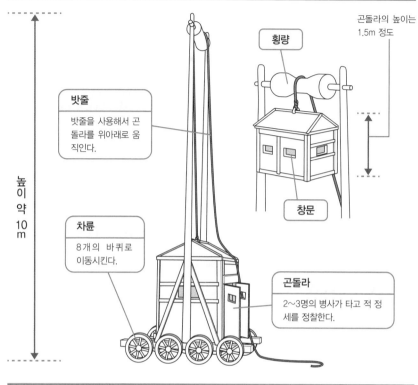

높이 약 10m

곤돌라의 높이는 1.5m 정도

횡량

밧줄
밧줄을 사용해서 곤돌라를 위아래로 움직인다.

창문

차륜
8개의 바퀴로 이동시킨다.

곤돌라
2～3명의 병사가 타고 적 정세를 정찰한다.

망루차의 구조

망루차는 소차와 마찬가지로 정찰용 차량으로 개발되었다.

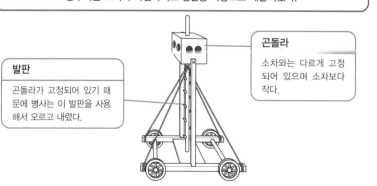

곤돌라
소차와는 다르게 고정되어 있으며 소차보다 작다.

발판
곤돌라가 고정되어 있기 때문에 병사는 이 발판을 사용해서 오르고 내렸다.

관련항목
● 중국식 공성 사다리 · 운제→ No.056

성의 해자를 건너기 위한 병기 · 가교차

성의 해자를 건너기 위한 공성병기가 「가교차」다. 호를 파는 것이 성을 만들 때 기본사항이었던 중국에서는, 공성전에 있어서 가교차가 큰 역할을 했다.

● 해자를 건너기 위한 접이식 다리

대부분의 성곽에는 성의 주변에 호라 불리는 해자를 파서 바깥쪽과 성곽을 격리시켰다. 춘추전국시대의 『묵자』에는 다음과 같이 적혀있다. 「성벽에서 6m의 거리를 두고 호를 판 다음 성문 앞에만 다리를 걸어둔다. 그리고 그 다리를 조교(매다는 다리)로 만들고, 전시에는 다리를 올리도록 한다.」 이렇게 적혀있었기 때문에 중국에서는, 예전부터 공성전에 들어가면 호를 넘어서 공격해야 한다는 난관이 언제나 따라다녔다.

공성군은 당연히 호를 메우거나 다리를 만드는 것과 같은 대응책을 생각해냈다. 이과정에서 태어난 것이 「가교차」였다. **호교**라고 불리는 경우도 있다. 이러한 병기는 공성을 하는데 있어서 호를 메우던, 다리를 만들던 간에 적군의 방해공작에 의해 작업이 중단되는 경우가 대부분이었기 때문에, 아예 처음부터 다리를 만들어 놓고 이 다리를 대차에 실어 호까지 운반하겠다는 생각으로 만들어진 것이다.

호 안에서 바퀴가 빠지도록 설계되었으며, 대차를 미는 병사를 지키기 위한 방패도 설치되었다. 이 방패는 병사를 지키는 것뿐만 아니라 다리의 앞뒤 균형을 잡기 위한 역할도 담당하고 있었다.

호의 폭이 넓은 경우에는 접이식 가교차를 사용했다. 이 병기는 회전용 축을 사용해서 2개의 다리를 연결한 것이다.

이외에도 순조롭게 성문을 돌파한 후에, 후속부대가 건너올 수 있도록 걸었던 다리를 **접첩교**라 한다. 수비군은 가교차에 의해 다리가 걸린 상황을 상정해서 호의 안쪽에 질려라 불리는, 날카로운 가시가 네다섯 개 달린 쇠못처럼 생긴 장애물을 잔뜩 깔아놓았다.

그러나 호에다 다리를 거는 것을 적군이 잠자코 보고만 있지는 않았다. 가교차에는 엄청난 공격이 가해졌었다. 그러나 다리를 싣고 있다는 구조 상, 장갑을 덧대는 것이 어려웠기 때문에 적의 빈틈을 보고 다리를 거는 것 이외에는 다리를 걸 수 있는 다른 방법이 없었다.

가교차의 외관

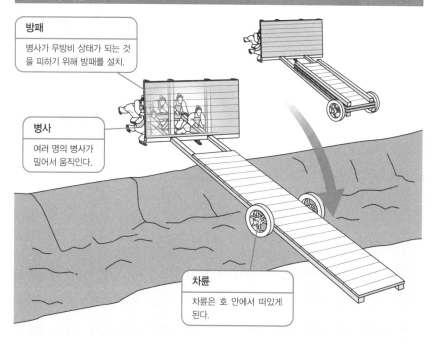

방패
병사가 무방비 상태가 되는 것을 피하기 위해 방패를 설치.

병사
여러 명의 병사가 밀어서 움직인다.

차륜
차륜은 호 안에서 떠있게 된다.

접첩교의 사용법

성문을 돌파한 후에, 후속부대가 건널 수 있도록 걸어놓는 다리

관련항목
●성문 밖에 설치된 소규모 성채―관성과 마면→ No.083

성벽을 기어올라오는 적을 격퇴하는 자거와 연정

공성전에서, 성벽을 기어올라오는 적병을 가만히 내버려둘 리가 없다. 그래서 고안한 병기가 돌이나 통나무를 던져서 밑으로 떨어트리는 「자거」다. 또한 성벽 위까지 도달한 적을 쓰러트리기 위한 병기로 「연정」이 있었다.

● 성벽을 올라오는 적에게 돌이나 통나무를 떨어트리는 병기

공성병기를 이용하여 성벽에 들러붙어서, 성벽을 기어올라오는 적병에 대해 수성군은 성벽 위에서 장창이나 대부(자루가 긴 도끼)로 찌르거나 활이나 쇠뇌를 쏘고, 거대한 돌과 뜨거운 물을 부어서 방어를 했다.

그러나 성벽 밖으로 몸을 드러내놓고 공격을 하면 적군 공성병기의 목표가 되기 때문에 위험했다. 이러한 위험을 회피하기 위해서 고안한 것이 「**자거**」라는 병기다.

자거는 바닥이 없는 발코니처럼 생긴 상자가 앞쪽으로 튀어나온 대차로서, 성벽을 좌우로 이동할 수 있도록 만들어졌다. 발코니에는 병사가 타고, 바닥부분에 열린 구멍을 통해서 돌이나 통나무, 뜨거운 물 등을 부어서 성벽을 기어오르는 적병을 물리쳤다.

자거에 타면 적의 시야로부터 숨어서 공격을 할 수 있었다. 자거를 여러 대 준비해서 사방의 모든 성벽에 수 미터 간격으로 배치해둠으로써 더욱 효과적으로 적병을 막을 수 있었다. 설사 적의 공성병기에 의해 자거가 파괴된다 하더라도, 많은 적병을 같이 저승길로 데리고 갈 수 있었다.

그럼에도 불구하고 적병이 성벽 위에까지 도달한 경우에는, 자거는 더 이상 도움이 되지 않기 때문에 무기를 들고 대인전을 해야만 했다. 이때 많이 사용된 것이 **연정**이라 불리는 수성병기였다.

연정은 6m 정도의 긴 자루에 철 가시가 달린 곤봉을 쇠사슬로 연결한 무기로, 휘두르면 사각 없이 공격할 수 있었고, 적을 곤봉으로 때리면 갑옷 위나 투구 위 모두 치명상을 입힐 수 있었다.

자거는 춘추전국시대(기원전 8세기~기원전 5세기) 동안 사용되었으며, 『묵자』에서는 수성의 핵심이라고도 적혀있다.

자거의 형태와 장점

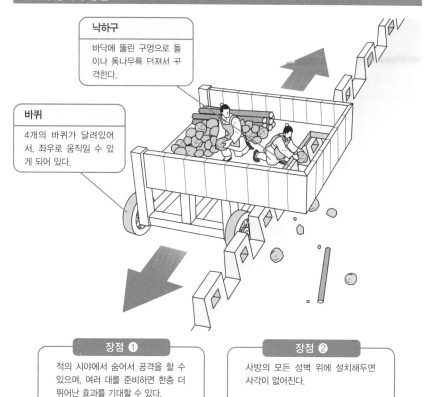

낙하구

바닥에 뚫린 구멍으로 돌이나 통나무를 던져서 공격한다.

바퀴

4개의 바퀴가 달려있어서, 좌우로 움직일 수 있게 되어 있다.

장점 ①

적의 시야에서 숨어서 공격을 할 수 있으며, 여러 대를 준비하면 한층 더 뛰어난 효과를 기대할 수 있다.

장점 ②

사방의 모든 성벽 위에 설치해두면 사각이 없어진다.

연정이란?

적병이 성벽 위에 도달했을 때 싸우기 위한 공격병기. 철 가시가 달린 곤봉을 휘두르며 공격한다.

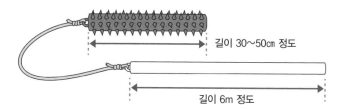

길이 30~50cm 정도

길이 6m 정도

관련항목

● 이동식 거대 공성탑 · 정란→ No.059

성문이 부서졌을 때 활약한 새문도차

적이 성문을 격파했을 때 사용된 차량 병기가 「새문도차」다. 2개의 바퀴가 달린 차량에 칼 모양의 돌기가 달려있어서, 적이 가까이 다가오지 못하도록 만들어졌다.

● 칼 모양의 돌기가 달린 방어용 병기

춘추전국시대 때 성벽은 돌로 만들어졌지만, 성문은 대부분 나무로 만들어졌었다. 그래서 적군의 공격은 성문에 집중되었기 때문에 수비를 하는 입장에서는 성문을 격파 당했을 때의 대책이 필요했다.

그래서 개발된 것이 「**새문도차**」라 불리는 2개의 바퀴가 달린 차량병기다. 새문도차 는 대차의 앞면에 판을 대고, 그 판에 칼 모양의 칼날이 무수히 달려있는 수성병기다. 새문도차는 대부분의 경우 성문과 같은 크기로 만들어졌으며, 성문이 부서졌을 때 바 리케이드처럼 이 차량으로 성문을 막아서 적병의 침입을 저지했다. 병사가 탈 수 있게 개량된 것도 있어서 방어와 공격을 동시에 하는 경우도 있었다.

또한 성벽이 무너졌을 때도 마찬가지의 방법으로 사용했다. 그래서 새문도차는 여러 대를 준비했고 소중하게 보관했었다.

새문도차의 발전형으로 성벽의 여장이 붕괴되었을 때 사용한 **목여두**라는 차도 있었 다. 여장이란 성벽 윗부분의 울퉁불퉁한 부분을 가리키며, 성벽 위의 병사들이 화살을 피하기 위한 일종의 방패 역할을 했다. 목여두는 이러한 여장이 파괴되었을 때 새문도 차와 마찬가지로 붕괴된 부분에 바리케이드 대신 세워뒀다. 높이는 약 185㎝정도였다 고 한다. 새문도차와는 다르게 날카로운 칼날은 달려있지 않았으며 두껍지도 않았지 만, 바리케이드로서는 충분한 효과를 발휘했다.

또한 성문이 부서지고 성곽 안으로 적병이 침입했을 때는, 성 안의 시가지에서 전투 를 할 수 밖에 없었다. 이때 전용의 새문도차가 사용되었다는 기록이 있다. 바로 **호차, 상차**라 불린 병기다. 대차 위에다 대나무에 종이를 발라 만든 호랑이나 코끼리처럼 생 긴 구조물을 놓고, 앞면에 다수의 창을 설치해서 적병을 향해 돌진시켰다고 한다. 호차 는 바퀴가 1개이고, 상차는 바퀴가 4개였다고 한다.

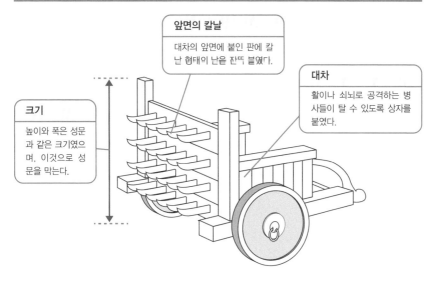

새문도차의 형태

앞면의 칼날

대차의 앞면에 붙인 판에 칼날 형태의 날을 잔뜩 붙였다.

대차

활이나 쇠뇌로 공격하는 병사들이 탈 수 있도록 상자를 붙였다.

크기

높이와 폭은 성문과 같은 크기였으며, 이것으로 성문을 막는다.

새문도차의 발전형

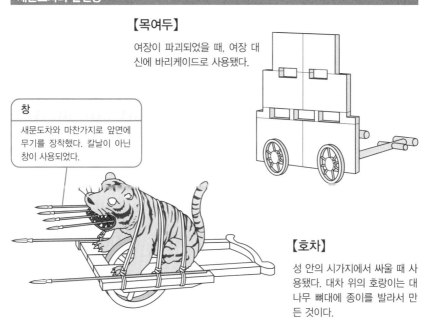

【목여두】

여장이 파괴되었을 때, 여장 대신에 바리케이드로 사용됐다.

창

새문도차와 마찬가지로 앞면에 무기를 장착했다. 칼날이 아닌 창이 사용되었다.

【호차】

성 안의 시가지에서 싸울 때 사용됐다. 대차 위의 호랑이는 대나무 뼈대에 종이를 발라서 만든 것이다.

관련항목

● 공성전에서 사용된 중국식 파성추·충차→ No.054
● 성문을 지키기 위한 방어병기·현문→ No.084

다수의 쇠못으로 상대방을 제압하는 낭아박

수성용 병기로서 제작된 「낭아박」은 다수의 못이 박혀있는 무거운 판 형태의 병기로 성벽 위에서 낙하시켜서 상대방에게 데미지를 입혔다. 밧줄이 연결되어 있기 때문에 몇 번이고 다시 사용할 수 있는 병기였다.

● 다수의 철못이 박혀있는 무거운 판

성벽을 기어오르는 적병에 대해, 성벽 위쪽에서 적병의 머리 위로 떨어트려서 치명상을 입히는 병기가 **낭아박**이다.

중국에서는 낭아라는 이름이 붙는 무기 병기가 많이 있다. 철못을 잔뜩 박아 넣은 모습을 늑대의 어금니에 비유한 것으로, 낭아박 역시 그러한 것들 중 하나다. 낭아는 원래 날카로운 돌기물이 달린 수(창의 일종)라는 무기를 발전시킨 것인데, 예를 들어『수호지』에 등장하는 진명이 사용하는 수는 창 형태로서, 창 끝에 다수의 철못이 달려있어 낭아봉이라고 불리기도 했다.

낭아박은 세로 길이가 약 1.5m, 가로 길이가 약 1.3m이고 두께가 9㎝의 판으로, 낭아정이라 불리는 철못을 약 2000개 박아 넣은 수성 병기로서, 성벽 위에서 성벽에 매달려 있는 적을 향해 낙하시켰다. 네 귀퉁이에는 철로 된 고리가 달려있으며 여기에 마끈을 꿰어서 매다는 형식으로, 밑을 향해 던진 다음에 회수를 할 수 있었다. 이렇게 핸들이 달려있는, 감아 올리는 기구를 교차라고 불렀다.

자거와 마찬가지로 낭아박 역시 여러 개를 만들어서 성 안에 배치했다. 그러나 이러한 수성병기만으로는 성을 지킬 수 없는 경우도 있기 때문에 성벽 위에서의 공격을 전부 자거나 낭아박에게 맡기는 것은 좋지 않은 방법이었다. 그래서 낭아박과 같은 수성병기 요원들뿐만 아니라, 돌덩이나 연정과 같은 무기를 손에 든 병사들도 같이 대기하면서 성의 수비를 단단히 굳혔다.

또한 낭아박이 위에서 적병을 찌르는 병기인 것과는 대조적으로 성벽 바로 밑에 끝부분이 뾰족한 나무 말뚝을 박아두는 경우도 있었다. 춘추전국시대의『묵자』에는 끝부분이 뾰족한 말뚝을 5겹으로 박아 넣고, 지면에서 40㎝ 정도가 돌출되어 있는 것이 좋다고 나와있다.

낭아박의 형태

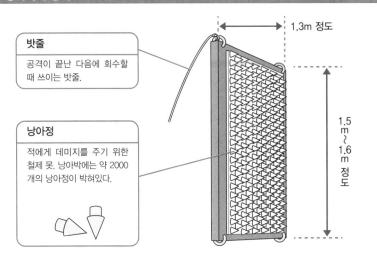

밧줄

공격이 끝난 다음에 회수할 때 쓰이는 밧줄.

낭아정

적에게 데미지를 주기 위한 철제 못. 낭아박에는 약 2000개의 낭아정이 박혀있다.

1.3m 정도

1.5m ~ 1.6m 정도

낭아박의 사용법

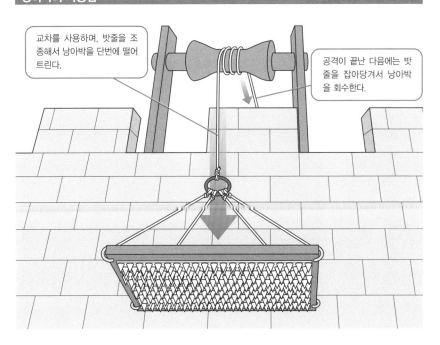

교차를 사용하며, 밧줄을 조종해서 낭아박을 단번에 떨어트린다.

공격이 끝난 다음에는 밧줄을 잡아당겨서 낭아박을 회수한다.

관련항목
●성벽을 기어올라오는 적을 격퇴하는 자거와 연정→ No.062
●성벽을 기어올라오는 적병을 제압하는 야차뢰 → No.065

성벽을 기어올라오는 적병을 제압하는 야차뢰

야차뢰란 성벽에 매달린 적병을 향해서 낙하시키는 병기를 가리킨다. 양쪽에 달려있는 원반이 바퀴와 같이 회전해서, 성벽의 경사를 따라 적의 머리 위를 향해 굴러 떨어지는 수성병기다.

● 양쪽 끝의 원반이 바퀴와 같이 회전하며 공격

낭아박과 마찬가지로, 성벽에 매달려 있는 적병을 향해 낙하시키는 병기에는 **야차뢰**라는 것이 있다. 이것은 커다란 통나무에 낭아박과 같은 철못을 박아 넣은 병기로서, 양쪽 끝에 나무로 된 원반을 달아놓아 성벽을 따라서 잘 굴러가도록 만들어놓은 것이다. 또한 이렇게 양쪽 끝에 원반을 달아놓으면 야차뢰의 철못과 성벽이 부딪혀서 벽을 파손시킬 염려도 없다. 야차뢰는 길이가 약 3m이며, 직경은 약 30㎝정도였다.

춘추전국시대 무렵에는 이미 존재했으며『묵자』에는 뇌라는 단어만 등장한다. 뇌란 통나무에서 발전한 병기 전반을 지칭한다. 야차뢰가 언제 어디서 만들어졌는지는 명확하지 않지만, 이외에도 **니뢰, 전뢰**와 같은 통나무 병기가 존재했던 것을 보면, 중국에서는 통나무를 가공해서 만든 병기가 일반적이었던 것 같다. 또한 야차뢰와 같은 형태의 병기인 니뢰나 박뢰에는 철못이 없고, 오로지 무게와 경도로써 살상능력을 추구했던 병기였다.

초기에 이러한 뇌는 한번 떨어트리고 나면 그만으로 더 이상 사용할 수 없었다. 니뢰나 전뢰는 통나무와 진흙과 점토만 있으면 만들 수 있었기 때문에, 소재 조달이나 제작법 역시 비교적 간단했기 때문이다.

그러나 야차뢰의 경우에는 야차뢰 중에서도 2000개의 철못을 박아 넣은 것이 있다고 할 정도로, 제작하는데 시간도 오래 걸리고 손도 많이 가는데다 부품의 조달 역시 쉽지 않았다. 거기다 적군의 손에 넘어가서 무기로 재사용될 수도 있었기 때문에, 낭아박과 마찬가지로 교차를 사용해서 다시 끌어올렸다.

위에서 물건을 떨어트려서 적을 제압한다는 방법은 원시적이지만, 충분히 효과를 보았던 방법이었으며 이외에도 액체가 될 때까지 끓은 철이나 동을 성벽에 흘리거나 분뇨를 사용해서 적병의 상처를 곪게 만드는 수단도 사용했었다.

야차뢰의 형태

직경 약 30㎝

길이 약 3m

바퀴
양쪽 끝에 나무로 된 바퀴를 달아서 성벽을 타고 굴러가 도록 했다.

못
통나무에 2000개 이상의 철 못을 박았다.

야차뢰의 사용법

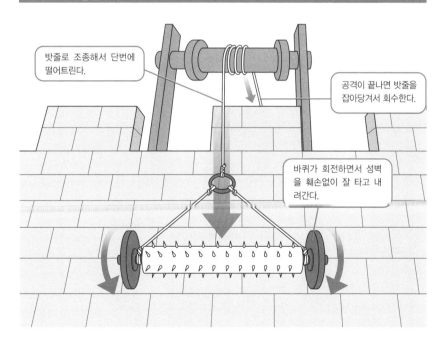

밧줄로 조종해서 단번에 떨어트린다.

공격이 끝나면 밧줄을 잡아당겨서 회수한다.

바퀴가 회전하면서 성벽을 훼손없이 잘 타고 내려간다.

관련항목
● 다수의 쇠못으로 상대방을 제압하는 낭아박→ No.064

땅굴 공격 방어용 설비

지면에 땅굴을 파서 성 안으로 진입하는 방법에 대해서 수성군도 대책을 마련했다. 그것이, 지면을 뚫고 나아가는 소리로 단지가 진동하는 것을 보고 땅굴을 탐지하는 「지청」이다. 또한 땅굴 안에서의 전투법도 소개하고자 한다.

● 땅굴을 파서 성을 함락시킨다

공성군은 여러 가지 공성병기를 사용해서 성을 파괴하려고 한다. 이 경우, 공격에 노출되는 것은 성문과 성벽인 경우가 많다. 그 외에는 지면에 땅굴을 파서 성 안으로 침입하는 공격방법도 있다. 이 공격은 기원전 5세기의 춘추전국시대 무렵에 **「혈공」**이라는 방법으로 일반화되어 있었다.

땅굴을 파고 오는 적을 막기 위해서, 수성군은 일단 적의 땅굴 공격을 사전에 탐지할 필요가 있었다. 땅굴 공격을 알아챘을 때 이미 땅굴이 성문 바로 밑에까지 와있다면, 성의 함락이 바로 코앞까지 다가온 것이나 마찬가지다. 이것을 막기 위한 땅굴 탐지법으로, 단지를 땅속에 묻어두는 방법이 있다. 이러한 단지를 **「지청」**이라고 한다. 얇은 가죽을 입구에 씌운 단지를 성 안의 땅속에 묻은 다음, 귀가 밝은 병사가 가죽에 귀를 대고 땅속을 파서 앞으로 나아가는 소리를 감지하여 땅굴의 위치를 탐색했다. 땅굴을 팔 때 나는 소리에 단지가 공진을 하기 때문에 이러한 탐지가 가능하다. 또한 단지 안에 물을 가득 집어넣고 수면이 물결치는 모습을 관찰하면서 터널의 위치를 파악해두기도 했다.

적의 터널을 발견하고 나면, 다음에는 여기에 대항하기 위한 수단을 강구하게 된다. 일단 가장 먼저 생각할 수 있는 대책이 땅굴을 메우는 것이지만, 성 밖에 나가서 땅굴을 메우는 것은 너무나 위험한 일이다. 그래서 적과 마찬가지로 성안에서 땅굴을 파서, 적의 침입을 막기 위한 **연판**이라는 거대한 가림판을 설치하여 길을 막는다. 그리고 연판으로 다가온 적을 연판에 뚫린 구멍을 이용해 창으로 찔러서 공격했다. 또한 터널 안쪽에 질그릇 가마를 설치하고, 여기다 풀무형태의 송풍기를 사용해서 독가스를 분사하는 방법도 있었다. 건조시킨 고추를 대량으로 태우는 것만으로도 격렬한 자극 가스가 돼서 적을 격퇴시킬 수 있었다고 한다.

참고로 삼국시대의 199년 원소가 공손찬이 숨어있는 역경성을 공격했을 때, 지하도를 파서 성안의 누각을 전부 다 파괴하는 것으로 난공불락이라고 알려졌던 역경성을 함락시켰다. 이것이 땅굴 공격이 성공한 일례 중 하나다.

적의 침입을 막는 방법

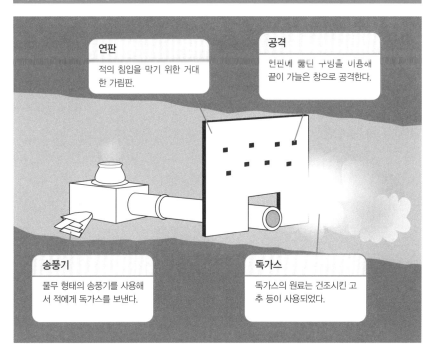

연판
적의 침입을 막기 위한 거대한 가림판.

공격
한쪽에 뚫린 구멍을 이용해 끝이 가늘은 창으로 공격한다.

송풍기
풀무 형태의 송풍기를 사용해서 적에게 독가스를 보낸다.

독가스
독가스의 원료는 건조시킨 고추 등이 사용되었다.

지청이란 ?

지청은 지하에 터널을 파서 앞으로 나아가는 적을 발견하기 위해 사용되었다.

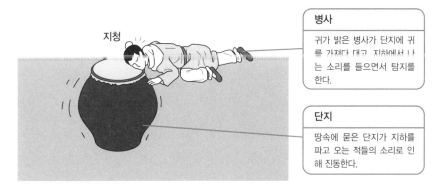

지청

병사
귀가 밝은 병사가 단지에 귀를 가져다 대고 지하에서 나는 소리를 들으면서 탐지를 한다.

단지
땅속에 묻은 단지가 지하를 파고 오는 적들의 소리로 인해 진동한다.

관련항목
●성문을 지키기 위한 방어병기 · 현문→ No.084

중국식 거대 투석기 · 발석차

발석차는 삼국시대 전란의 시기에 태어난 투척병기다. 지렛대의 원리를 사용해서 투사체를 날리는 병기로 『삼국지』에서 나오는 유명한 관도대전에서도 사용되었다.

● 중국제 투석기

서양의 캐터펄트와 같은 투석기가 중국에서 빈번하게 사용되었던 시기는 삼국시대 때였다고 한다. 중국 투석기의 정식명칭은 **발석차**이지만, 일반적으로 **벽력차**라고 불리는 경우가 많다. 벽력차란 관도대전에서 조조군의 발석차에 패배한 원소군이 지은 이름이다.

발석차는 대차 위에 5m 정도 나무를 짜서 만들어졌다. 장부(나무를 짜맞출 때 한쪽을 튀어나오게 만든 것)를 사용해서 나무를 조립한 것으로 잘 부서지지 않았다. 포가 위에 포축이라 불리는, 회전하는 축을 놓고, 여기에 초라 불리는 8m에 달했던 긴 장대를 장부로 고정해서, 지렛대의 원리를 사용하여 가죽주머니에 돌탄환을 넣고 성벽이나 적병을 향해 던졌다. 탄으로 사용한 것은 돌뿐만 아니라 동물의 사체 등을 던져서 역병을 만연시키는 경우도 있었다고 한다.

서력 200년에 일어난 관도대전에서 조조군의 장수 유엽이 개발한 발석차는, 대차 위에 올라가있어서 자체적으로 이동이 가능했다. 하지만 이후의 전장에서 사용된 경우에는 발석차의 크기가 매우 커서 대부분의 경우에는 현지에서 제작되었기 때문에 바퀴가 달려있지 않은 경우가 많았다.

발석차는 사람의 힘으로 조작해야 하기 때문에 연사가 불가능했으며, 거기다 한 번 날리고 난 다음에 2발째를 발사할 때까지 시간이 걸린다는 단점이 있었다. 또한 거리가 멀어지면 당연히 위력도 반감되었다. 거기다 만(幔)에서 방어를 하는 경우, 발석차에서 발사된 투사체가 제대로 된 위력을 발휘하지 못했다고 한다. 그리고 포축이 회전한다고 하지만, 방향을 바꿀 수는 없었기 때문에 발사방향을 바꾸는 것이 불가능했다.

3세기 중반의 삼국시대에 위의 마균이 대형 바퀴에 다수의 돌탄환을 매달고, 바퀴를 고속으로 회전시켜서 연달아 발사가 가능한 발석차를 고안했지만, 실제로 제작되는 일 없이 사장되었다고 한다.

발석차의 구조

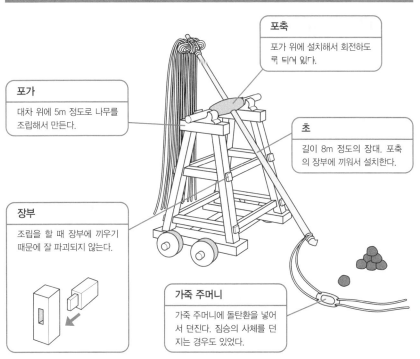

포축
포가 위에 설치해서 회전하도
록 되어 있다.

포가
대차 위에 5m 정도로 나무를
조립해서 만든다.

초
길이 8m 정도의 장대. 포축
의 장부에 끼워서 설치한다.

장부
조립을 할 때 장부에 끼우기
때문에 잘 파괴되지 않는다.

가죽 주머니
가죽 주머니에 돌탄환을 넣어
서 던진다. 짐승의 사체를 던
지는 경우도 있었다.

발석차의 사용법

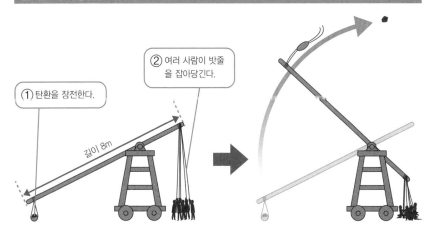

② 여러 사람이 밧줄
을 잡아당긴다.

① 탄환을 장전한다.

길이 8m

관련항목

● 거대한 투석기 캐터펄트의 등장→ No.013
● 발석차가 등장한 관도대전→ No.068

발석차가 등장한 관도대전

중국의 삼국시대의 추세를 결정한 중요한 전투 관도대전. 이 전투에서 승리한 조조는 단번에 중원의 패자가 됐지만, 이때 조조를 구원한 것이 발석차라는 병기의 활약이었다.

● 조조를 구한 발석차의 활약

서력 200년 삼국시대의 추세를 결정한 중요한 전쟁이 일어났다. 그것이 조조와 원소 사이에 일어난 관도대전이었다.

당시 유명무실화된 후한 왕조를 제치고 중원의 패권을 다퉜던 두 사람이 본격적으로 무력충돌을 한 싸움이다. 조조군이 1만, 원소군이 10만(병력의 숫자에는 여러 설이 있음) 이라는 병력을 투입한 전투였다.

조조는 처음에는 원소군을 상대로 호각 이상의 전투를 보여줬지만, 서서히 원소군의 숫자에 밀려서 관도성에서 농성을 하게 됐다.

원소는 흙담을 쌓아서 방어를 굳히는 한편, 지하도를 파서 관도성을 압박했지만, 조조도 같은 것을 만들어서 대응했다. 다음으로 원소는 다수의 정란을 만들고 정란 위에 서 관도성 안으로 화살을 쏴댔다. 쏟아져 내리는 화살 비로 인해 조조군은 방어밖에 할 수 없었고, 병사들의 사기는 땅에 떨어졌다.

이러한 열세를 만회하기 위해 조조군의 무장 유엽이 발석차를 조조에게 진언하고, 조조는 즉시 발석차를 만들었다. 그리고 발석차에서 발사되는 다수의 돌탄환이 원소의 정란을 파괴하고 조조를 궁지에서 구하게 된 것이다.

이때 유엽이 만든 발석차는, 이동이 가능하고 지렛대의 원리를 사용한다는 점에서 송대에 기록된 『무경총요』에 남아있는 발석차와 큰 차이가 없다고 한다.

이 발석차를 원소군에서는 벽력차라고 부르며 두려워했던 것에서, 발석차를 벽력차 라고 부르는 경우도 있다.

관도대전에서는 이후 조조가 원소군의 군량고가 있는 오소를 기습해서 대세를 결정 지었지만, 관도성을 끝까지 지켜낸 유엽의 발석차의 활약 역시 관도대전에서 승리를 거머쥘 수 있었던 하나의 분기점이었다.

관도대전 요약도

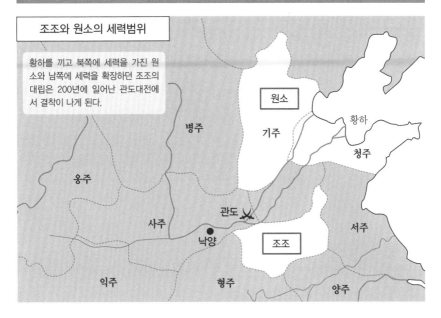

조조와 원소의 세력범위

황하를 끼고 북쪽에 세력을 가진 원소와 남쪽에 세력을 확장하던 조조의 대립은 200년에 일어난 관도대전에서 결착이 나게 된다.

관도대전의 발석차

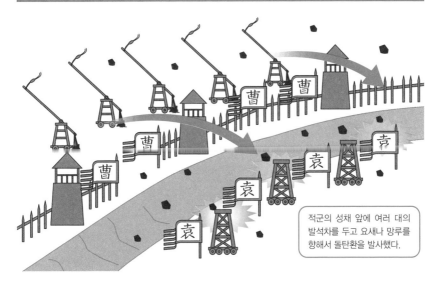

적군의 성채 앞에 여러 대의 발석차를 두고 요새나 망루를 향해서 돌탄환을 발사했다.

관련항목
●이동식 거대 공성탑·정란→ No.059
●중국식 거대 투석기·발석차→ No.067

중국에서 개발된 방어병기 · 거마창

적의 진군을 막기 위해 만들어진 방어병기 중 하나로「거마창」이라는 것이 있다. 주로 기병의 진군을 방지하기 위해 만든 병기로서, 고대 중국의 전장에서 활약했다.

● 적병의 돌격을 막기 위한 야전병기

거마창이란 적의 진군을 막기 위해 만들어진 방어병기다. 주로 기병의 진군을 막기 위해서 사용됐다.

거마창은 직경 60㎝, 길이 3m 정도의 통나무에 길이 약 3m의 창을 몇 자루 꼽아서 늘어놓은 것이다. 창 끝을 앞면으로 향하게 늘어놓으면, 아군 진영을 방어하는 것과 동시에 적에게 위협을 가하는 병기가 된다.

거마창은 운반이 가능한 병기였으며 성 안이나 숙영에 설치하는 경우도 있었으나, 야전에서 사용하는 경우도 있었다. 야전에서 사용하는 경우에는 적군의 진로를 예상하고, 사전에 설치해둬야만 했다. 적군에게 쉽게 발각된다는 단점도 있었지만, 만약 발견된다 하더라도 진군을 늦추는 데는 충분한 효과를 발휘했다.

거마창의 기원은 녹각목이라는 고정형 병기로, 3대(하 은 주) 시대에 등장했다고 전해진다. 녹각목의 경우 창 대신에 끝부분이 뾰족한 나무를 사용했으며, 한 번 설치를 하면 위치를 옮길 수 없었다.

당대에 들어서면 **거마목창**이라 불리는, 크기가 작아 휴대가 간편해진 거마창이 등장한다. 이것은 양쪽 끝에 창 날이 달린 3자루의 창을 묶은 것으로, 사용하지 않을 때는 한 자루로 묶어서 가지고 다닐 수 있었다. 본체에는 쇠사슬이 달려있으며, 설치를 할 때는 여러 개의 거마목창을 지면에 꽂은 다음, 본체를 쇠사슬로 한데 엮어서 사용했다.

장애물로서 설치된 병기를 중국에서는 장애기재라고 부르며, 적이 반드시 지나가는 길이나 요충지에 설치하면 상당히 높은 효과를 발휘했다.

거마창의 뛰어난 점은 포진(布陣), 입영(立營), 거험(拒險), 새공(塞空) 등 어떠한 상황에서도 사용할 수 있다는 점이라고 한다.

거마창과 거마목창

【거마창】

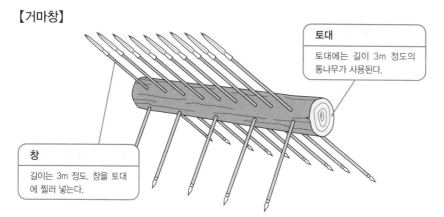

토대
토대에는 길이 3m 정도의 통나무가 사용된다.

창
길이는 3m 정도. 창을 토대에 찔러 넣는다.

【거마목창】

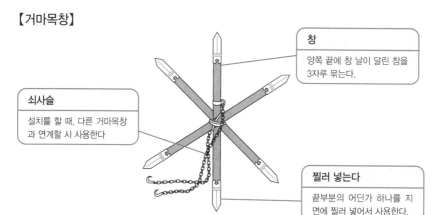

창
양쪽 끝에 창 날이 달린 창을 3자루 묶는다.

쇠사슬
설치를 할 때, 다른 거마목창과 연계할 시 사용한다

찔러 넣는다
끝부분의 어딘가 하나를 지면에 찔러 넣어서 사용한다.

거마창의 특징

1 자군 진영의 방어와 적군에게 위협을 가하는 것을 동시에 할 수 있다.

2 휴대가 간단하다.

3 적군에게 쉽게 발견된다.

관련항목
●진군해오는 적을 함정에 빠트리는 병기 ·리리움→ No.045

은주시대 전차의 특징

실제로 확인된, 중국에 가장 오래된 왕조 은에서 기원전 1100년경 전차가 등장했다. 궁병과 장신무기를 가진 병사가 탑승한 전차는 은의 전장을 누비고 다녔다.

● 기원전 1100년경 중국에 전차가 등장하다

중국에 전차가 전해진 것은 서양에서 전차가 나온지 1500년 후인 기원전 1100년경 이라고 한다. 당시의 중국은 은조시대로, 전쟁에 있어서 전차는 매우 중요한 역할을 했었다.

은대의 전차는 거의 나무로 만들어졌으며, 차축의 양쪽 끝과 같이 중요한 부분에만 청동을 사용했다. 대부분이 2륜 전차로, 바퀴의 크기는 직경 1.5m 정도이며 3명이 탈 수 있을 정도의 크기였다. 처음에는 바퀴살이 18개였던 것 같지만, 시대가 흐를수록 바퀴살의 개수는 늘어났다. 또한 은나라 시대에는 2마리의 말이 전차를 끌고 있었지만, 은에서 주로 바뀌자 4마리의 말이 끄는 전차가 많이 사용됐다.

전차에는 중앙에 운전수가 타고 정면에서 왼쪽에 궁병이, 오른쪽에 장신무기를 든 병사가 배치되었으며, 전원이 갑옷으로 몸을 보호했다. 전차의 지휘를 맡은 것은 왼쪽 의 궁병이었다고 한다. 전투의 주력은, 차우라고 불린 오른쪽의 병사가 담당했기 때문에 차우가 쓰러진다는 것은 전차전의 패배를 의미했다.

당시의 전차는 직진을 하는 것은 문제가 없었지만, 한 자루 봉 위에 대좌를 얹어놓기만 했기 때문에 병사들이 올라타면 균형을 잡기가 힘들어서, 훈련을 쌓은 병사들만이 전차에 탑승할 수 있었다. 그래서 전차부대는 정예들로 구성이 되었으며, 이 때문에 군대는 전차부대를 중심으로 정비가 이루어졌다.

전투가 시작되면 전차 한 대당 보병과 노역병 합쳐서 150명 정도가 배당되었으며, 후방지원을 위해 짐차와 병력이 배치되었다.

은주시대의 전투는 얼마나 많은 전차부대를 투입할 수 있는가에서 승패가 갈렸다. 전장에서 다수의 전차가 진을 치고 있었던 것만으로도 적군에게 주는 압박감은 상당한 것이었기 때문에, 적군의 사기를 끌어내리고 아군의 사기를 끌어올리는 효과가 있었다고 한다.

은주시대의 전차

차우
차우라 불리는 병사가 장신 무기를 잡았으며 씨움의 주력 역할을 했다.

병사
은주시대를 특틀이시 3명이 타는 것이 일반적이었다.

운전자

궁병

말
은대에는 전차를 말 2마리가 끌었지만, 주대에는 4마리가 끌었다.

차륜
차륜은 직경 1.5m 정도로 의외로 바퀴가 큰 2륜차였다.

은주시대 전차의 특징

1
병사가 탑승하면 균형이 잘 맞지 않았기 때문에, 직진 이외의 행동을 하려면 훈련을 쌓은 병사가 필수였다.

2
전장의 주력병기이며, 전차 한 대당 병사와 노역병을 합쳐서 150명 정도가 배당되었다.

관련항목
- ●진한시대 전차의 특징→ No.071
- ●전차를 사용한 전투 · 목야대전→ No.072

진한시대 전차의 특징

은주시대에 전성기를 구가했던 전차대는, 진한시대가 되고 기마병이 대두하게 되자 조역으로 밀려났다. 그러나 전차 자체가 없어지지는 않았으며, 계속해서 전장을 질주했다.

● 기마기술의 발달과 함께 전차는 쇠퇴

기원전 4세기 전국시대가 되고 기마를 조종하는 북방유목민족과의 교전을 거쳐서 기병의 편리성을 인식하게 되자, 군대의 주력은 기마대가 맡게 된다. 그래서 진한시대의 전차는 그 역할도 구성도 은주시대의 전차와는 완전히 달랐다. 먼저 주나라 시대에 최전성기였던, 4마리의 말이 끄는 전차의 모습은 사라지고 1마리의 말이 전차를 끌게 됐다. 그만큼 제어하기는 쉽지만, 기동력도 속도도 현저하게 떨어지게 된다. 또한 3인승이었던 것이 2인승으로 바뀌고 차우가 배치되지 않았다.

그리고 무엇보다 크게 바뀐 것은 바로 전장에서의 역할이다.

그때까지 전투의 주역이었던 전차는, 이 시대가 되자 지휘관이 승차해서 지휘를 하는 후방대기 전력이 된 것이다. 차량의 중앙에는 파라솔과 같은 양산이 세워지는 등 전투요원에서 완전히 제외되고 말았다.

지형의 제약을 많이 받는 전차가 은주시대에 군의 주력이 될 수 있었던 것은, 당시의 중국인에게 '말을 탄다'라는 발상이 없었기 때문이다. 진한시대에는 안장이나 등자는 아직 없었지만, 흉노와 같은 북방유목민족과의 전투를 통해서 기승훈련이 극적으로 발달하였기 때문에, 다리 힘만으로도 말 위에서 균형을 잡고 사격이나 검을 휘두르는 것이 가능해진 것이다. 기마보다 기동력이나 속도가 떨어지는 전차는 점차 전장에서 존재감을 잃어갔다.

또한 철제 무기나 쇠뇌의 발달로 인해 보병이나 기병이 전차에 대해 효과적으로 공격을 할 수 있게 된 것 역시 전장에서 전차의 역할을 빼앗았다.

진나라 시대는 그나마 전차가 전장에서 활약하는 경우가 있었지만, 흉노와의 대립이 격화되고 북방민족과 지속적으로 싸워야만 했던 한왕조 시대 이후에는 전차전이 거의 없어졌으며, 삼국시대(3세기경)가 되자 병참을 보급하기 위한 짐차로 활용하는 정도의 병기가 되고 말았다.

진한시대의 전차

은주시대의 전장에서 주력이었던 전차는 진한시대가 되자, 지휘관이 지휘를 하기 위해 이용하는 후방부대가 됐다.

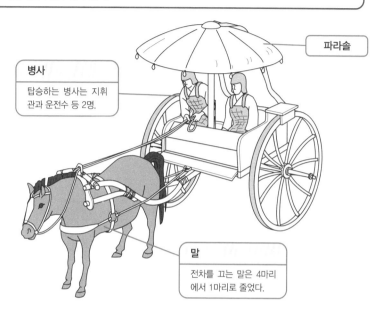

파라솔

병사
탑승하는 병사는 지휘관과 운전수 등 2명.

말
전차를 끄는 말은 4마리에서 1마리로 줄었다.

은주시대 전차와 진한시대 전차의 차이점

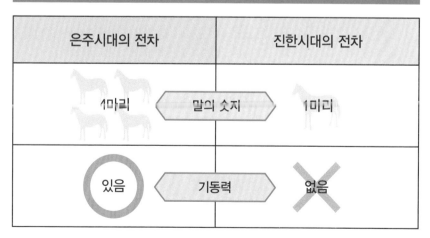

은주시대의 전차		진한시대의 전차
4마리	말의 숫자	1마리
있음	기동력	없음

관련항목
● 은주시대 전차의 특징→ No.070
● 춘추전국시대의 전차전 · 성복대전→ No.073

전차를 사용한 전투 · 목야대전

중국 왕조의 새로운 시대를 열었다고 평가되는 목야대전은 고대 중국 시대에 벌어진 전차간의 전투로서 유명하다. 주의 전차는 400대에 달했으며, 그 위력은 은을 멸망시킬 정도로 강했다.

● 은나라 시대의 최대 전차전

은나라 시대에 벌어진 전차전의 절정은 기원전 11세기 후반에 주가 은을 격파한 목야대전이다. 은주혁명이라고도 불리는 이 전투는 주의 무왕이 은의 주왕을 격파한 전쟁으로, 명나라 시대 때 나온 『봉신연의』에서 묘사되는 중요한 일전이기도 하다.

이 전투에서 무왕이 준비한 전차는 400대에 달했다. 전차 1대당 100명 정도의 병사가 배치되었으니, 총전력이 약 4만에 달할 정도의 대군이었다. 이를 상대하는 은나라군은 약 70만이라는 상상을 초월하는 병력으로 맞서 싸웠다고 한다. 그러나 이만큼의 대군을 통솔하는 것은 매우 어려웠기 때문에 지휘계통을 유지하기가 힘들다는 것이 약점이었다.

무왕은 이 전투에서 「6, 7보 전진하기 전에 멈춰서 대열을 가다듬어야 한다. 6, 7번 칼을 휘두르기 전에 정지해서 대열을 맞춰야 한다」라고 훈계를 했다고 한다. 이 훈계를 따르면 전차부대의 이동 속도는 제한되어서 기동력을 살릴 수 없다.

그러나 일사불란한 전차 부대의 시각적 효과는 절대적인 것이었다. 실제로 무왕군을 본 은나라군의 전선부대는 싸움을 하기도 전에 항복해서 진로를 열어주는 부대가 속출했다고 한다.

물론 전차 특유의 기동성을 살린 전투도 벌어졌다. 양쪽의 군이 대치하고 임전태세에 들어가자 전차가 적진을 향해서 달려나갔다. 당시의 전차는 세세한 방향전환이 불가능했기 때문에 오직 직진만 하는 전차가 대부분이었다. 그래서 적의 전차와 스쳐 지나가는 순간, 차우끼리 대결을 해서 승패를 결정지었다.

결국 은나라군은 무왕의 전차부대에 대패를 하게 되고 주왕은 자결을 하고 만다. 이 전투로 인해 700년 동안 이어온, 중국에서 가장 오래된 왕조인 은나라는 멸망하고 주가 다스리는 서주시대가 시작된 것이다.

은과 주에 의한 전차전

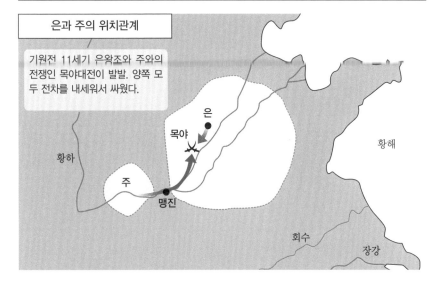

은과 주의 위치관계

기원전 11세기 은왕조와 주와의 전쟁인 목야대전이 발발. 양쪽 모두 전차를 내세워서 싸웠다.

은

목야

황하

주

맹진

황해

회수

장강

전차간의 전투

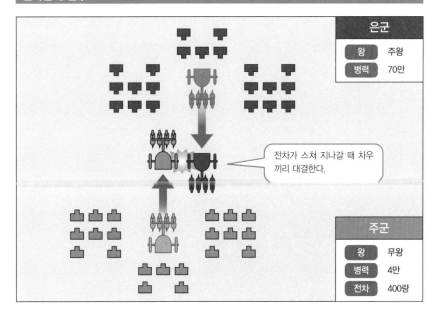

은군	
왕	주왕
병력	70만

전차가 스쳐 지나갈 때 차우끼리 대결한다.

주군	
왕	무왕
병력	4만
전차	400량

관련항목

● 은주시대 전차의 특징→ No.070

춘추전국시대의 전차전 · 성복대전

중국에 있어서 전차전의 최고 전성기였던 춘추전국시대에 벌어진 성복대전. 양쪽에서 대량의 전차를 투입한 전투였지만, 승패를 가른 것은 진나라군의 전차를 사용한 전술이었다.

● 전차 사용법의 차이가 진에게 승리를 안겼다

춘추시대에 들어가서 주왕조의 힘이 약해지자 정, 제, 진, 초, 노, 송, 위 등의 작은 나라로 나눠지는 분열의 시대가 도래하였다.

기원전 632년 중원에 관심을 보인 초나라군 11만과 이를 막으려는 진나라군 7만이 성복에서 격돌한다. 이 전투에서 진나라 쪽이 투입한 전차의 숫자는 700대에 달했으며, 이 무렵이 전차전의 최고 전성기였다고 평가된다.

진은 자군의 전차부대를 3개로 나누고 본체를 한가운데 놓은 후, 좌우에 하군과 상군을 배치하여 초나라 부대와 맞섰다. 아름다운 가죽 마구를 몸에 두른 전차부대가 훌륭하게 대열을 짜고 있는 것을 본 진의 문공은 승리를 확신했다고 한다.

전투를 시작한 것은 진나라군 좌익의 전차부대였다. 그들은 말에 호랑이 가죽을 입혀서 적진으로 돌입하는 기습을 걸었고, 초나라군의 우익부대는 괴멸상태에 빠졌다.

진나라군은 좌익 전차부대의 기습과 동시에 우익부대를 후퇴시켜서 전군이 철수하는 것처럼 위장하여 초나라군의 좌익부대를 유인했다. 그리고 초나라군의 우익을 기습한 좌익의 전차부대는 전차에 나뭇가지를 달아놓고 퇴각하면서, 흙먼지를 일으켜 전군이 한꺼번에 퇴각하는 것처럼 위장했다.

초나라군은 진나라군의 이 계획에 걸려들었으며, 초나라군의 좌익부대는 진나라군의 우익부대와 본대의 협공에 당해서 붕괴되었고, 초나라군의 우익부대 역시 이와 마찬가지로 협공을 당해서 전멸하고 만다.

이렇게 성복대전은 진나라군의 압승으로 끝났다. 승패를 가른 것은 전차의 전술이었다. 목야대전과 같이 단순하게 싸우는 것이 아닌 전술을 사용함으로써 전차를 잘 활용했던 것이다.

성복전투 요도

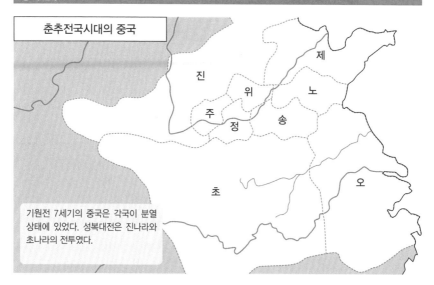

춘추전국시대의 중국

제

진

위

노

주

정

송

초

오

기원전 7세기의 중국은 각국이 분열 상태에 있었다. 성복대전은 진나라와 초나라의 전투였다.

성복전투

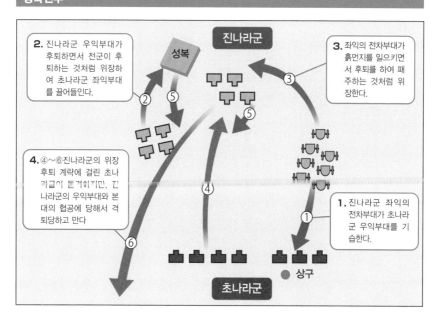

2. 진나라군 우익부대가 후퇴하면서 전군이 후퇴하는 것처럼 위장하여 초나라군 좌익부대를 끌어들인다.

진나라군

성복

3. 좌익의 전차부대가 흙먼지를 일으키면서 후퇴를 하여 패주하는 것처럼 위장한다.

4. ④~⑥진나라군의 위장 후퇴 계략에 걸린 초나라군은 돌격하지만, 진나라군의 우익부대와 본대의 협공에 당해서 격퇴당하고 만다

1. 진나라군 좌익의 전차부대가 초나라군 우익부대를 기습한다.

상구

초나라군

해상에서 본진 역할을 한 누선의 실태

수군의 주축이 되는 함선으로 건조된 「누선」은 해상에서 본진의 역할을 하는 함선이었다. 여러 가지 크기의 누선이 등장했지만, 시대가 지나면서 점점 더 크기가 커졌다.

● 화살과 돌을 피하기 위해 판을 붙인 대형선

중국에서 수군이 등장한 것은 춘추시대에 장강의 하류 지역을 다스리고 있던 오나라와 항주만 이남의 임해지역을 다스리고 있던 월나라다. 이외에도 오나라에 해전으로 싸움을 걸었던 초나라에도 강력한 수군이 있었다고 한다. 아마도 기원전 6세기경이었다고 추측된다.

누선은 그 당시부터 수군의 주축으로 건조된 대형 지휘관선이었다. 오의 누선은 길이 25m 전후, 폭은 3m 정도로 감시망루가 달려있으며, 여기에 적군이 날리는 화살 등을 막기 위해 주위에 판벽을 세워서 방어를 한(현장이라고 부른다) 다층 구조의 대형선이었다. 그 모습이 감옥을 연상시킨다 해서 함(艦)이라 부르기도 했다(감옥에는 監이라는 한자가 사용된다).

이후 각국에서 만들어진 누선도 거의 비슷한 형태를 띄고 있었으며, 해전에서의 사령선 역할을 하면서 항상 100명 이상의 승무원이 타고 있었다. 누선은 해상에서의 본진이기 때문에 대부분의 경우에는 후방에서 대기하고 있었으며, 전투는 거의 중형선과 소형선이 맡았다.

누선은 시대가 지날수록 대형화되었는데 기원전 3세기경의 진한시대에는 길이 30m, 폭 5m에 달하는 거대한 누선이 건조되었다. 그 이후에 삼국시대(3세기)의 오나라에서는 무려 700명의 승무원을 태우고, 7장의 돛을 단 거선을 동남아시아 각국에 파견했다.

그리고 3세기 후반 중국왕조 진나라의 무제 때에 오나라를 공격하기 위해 건조된 누선은 무려 전장이 170m나 되었다고 한다. 제2차 세계대전에서 등장한 세계 최대의 전함인 일본의 전함 야마토가 263m였다는 점을 감안하면, 당시의 누선의 크기가 엄청났다는 것을 알 수 있다. 진에서는 이것은 **연방**이라 불렸으며, 4개의 문을 갖춘 성벽이 있고 2000명에 달하는 승무원이 탑승했으며, 배 안에서 이동할 때는 말을 사용했다고 『진서』에 기록이 남아있다.

누선의 외관

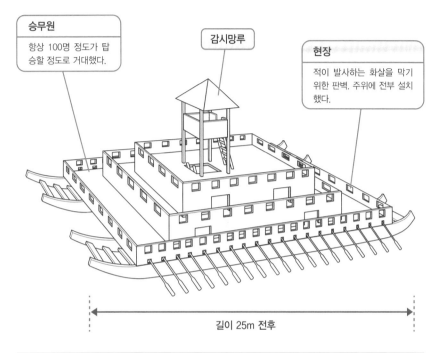

승무원
항상 100명 정도가 탑승할 정도로 거대했다.

감시망루

현장
적이 발사하는 화살을 막기 위한 판벽. 주위에 전부 설치했다.

길이 25m 전후

서서히 대형화되는 누선

누선은 시대가 지날수록 서서히 크기가 커졌는데 그 과정을 알아보도록 하자.

춘추시대(기원전 6세기)
폭 3m
길이 25m

진한시대(기원전 3세기)
폭 5m
길이 30m

진시대(3세기)
길이 170m

관련항목
● 고대 중국의 함대편성→ No.079

고대 중국의 해상을 누볐던 몽충

투함과 함께 고대 중국의 해상전을 장식한 함선이 바로 몽충이다. 적 함선을 들이받아서 침몰시키는 등 해상에서의 주력병기로서 맹활약을 펼쳤다.

● 튼튼한 충각을 단 쾌속선

수상전에서 **투함**과 같이 공격의 주력이 된 것이 **몽충**이라고 불리는 군함이었다.

몽충은 홀쭉하며 폭이 좁은 선체 끝에 날카로운 **충각**을 단 함선으로, 적 함선을 직접 들이받아서 침몰시켰다.

적 함선을 들이받는다는 역할로 인해 몽충은 속도를 중요시했기 때문에 중앙을 기준으로 양쪽 현에 병사들이 타고 노를 저었다. 수상전의 선두에 서는 경우도 많았기 때문에 무두질하지 않은 소의 생가죽으로 선체를 덮어서 적의 불화살로부터 선체를 보호했다. 또한 감시망루가 설치되어 있어서 북을 쳐서 사기를 높이는 것과 동시에 적 함선의 동태를 병사들에게 전했다. 몽충은 춘추시대의 기술에도 남아 있으며, 춘추시대의 오나라에서는 「**돌모**」라고도 불렸다.

고대 중국의 수상전은, 먼저 척후선이 적의 진용이나 함선 수를 파악하고 **선등**이라 불리는 소형의 쾌속선이 적진에 돌입해서 교란시킨다. 그리고 나서 몽충이 등장하여 적의 주력함을 몇 번이고 들이받아 격침시킨다.

또한 몽충은 삼국시대에도 많이 사용된 군함이었다. 208년에 오의 손권이 강하의 군웅인 유표의 무장 황조를 공격했을 때의 수상전이 『오서』에 남아있다. 황조는 몽충 수 척을 옆으로 늘어놓고 돌로 된 닻을 사용해서 고정한 후, 1000명의 궁병을 배치하고 손권군을 맞이했다. 수상전의 단점인 바닥이 불안정하다는 것을 황조는 몽충을 고정시키는 것으로 극복한 것이다. 쉴새 없이 쏟아지는 화살 때문에 손권군은 이를 방어하기에 급급했다.

이러한 상황을 타개한 것이 손권군의 무장인 동습이었다. 동습은 비처럼 쏟아지는 화살을 뚫고 과감히 황조군을 향해 돌격해서 황조군 몽충의 바닥으로 잠수해 들어가, 닻을 연결하고 있는 밧줄을 끊었다. 닻이 없어진 황조군의 몽충은 균형을 잃고 떠내려갔으며, 손권군은 승리를 거뒀다.

몽충의 외관과 전투법

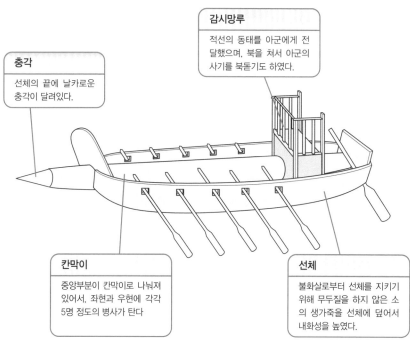

감시망루
적선의 동태를 아군에게 전달했으며, 북을 쳐서 아군의 사기를 북돋기도 하였다.

충각
선체의 끝에 날카로운 충각이 달려있다.

칸막이
중앙부분이 칸막이로 나눠져 있어서, 좌현과 우현에 각각 5명 정도의 병사가 탄다

선체
불화살로부터 선체를 지키기 위해 무두질을 하지 않은 소의 생가죽을 선체에 덮어서 내화성을 높였다.

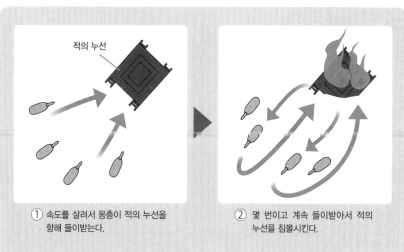

적의 누선

① 속도를 살려서 몽충이 적의 누선을 향해 들이받는다.

② 몇 번이고 계속 들이받아서 적의 누선을 침몰시킨다.

관련항목
● 해상에서 본진 역할을 한 누선의 실태→ No.074
● 고대 중국의 함대편성→ No.079

고대 중국 해상전의 주력 · 투함

고대 중국에서 수상전의 주력으로 활약한 전함이 「투함」이다. 기원전 때부터 수상전을 책임지는 전함으로 등장했으며, 삼국시대가 되자 크게 발전했다.

● 중장비를 갖춘 전투용 함선

고대 중국의 수상전의 주력으로 활약한 전함이 **투함**이다. 투함은 선체 측면에 장(일종의 방어판)을 설치하고, 그 밑으로 노를 젓기 위한 구멍(공)을 뚫었다. 선내에 장과 같은 높이의 담을 만들고 그 위에 2층의 여장(공격을 막기 위한 방패와 같은 구조물)을 세워서 적의 공격을 막았다. 병사들은 여장의 구멍이 뚫려있는 부분을 통해 활이나 쇠뇌 등으로 공격을 하고, 선내의 망루 위에서도 같은 방법으로 공격을 했다.

함선은 몽충보다 컸으며 방어력도 몽충보다 뛰어났기 때문에, 고대 중국의 수상전에서는 근접전의 주력 함선으로 활약했다.

투함에 타는 병사들은 쇠뇌나 활, 그리고 방패를 가지고 대치했다. 2층으로 된 여장이 병사들을 보호했기 때문에 몽충보다 안전하게 싸울 수 있었다.

고대 중국의 수상전에서는 투함의 역할이 컸다. 공격의 주력이 되는 것은 물론이고 적을 위협하기 위한 수단으로써도 사용되었다. 특히 삼국시대의 오나라에서는 수군이 발달해서 투함의 모습에도 변화가 일어나게 된다. 오나라의 무장인 가제와 여범은 투함에 호화로운 장식을 해서 아군의 사기를 높이고 적군의 전의를 꺾었다고 한다. 목재에는 아름다운 조각을 새기고 금속은 붉은 색으로 물들였으며 선상에는 푸른색 텐트와 진홍의 커튼을 설치했다. 222년 위가 동구를 쳤을 때 이를 맞이한 것이 가제였는데, 위나라군의 지휘관들은 가제 함대의 위용에 압도당했다고 한다. 『오서』에 의하면 가제의 함대는 「마치 산과 같았다」라고 기록되어 있다.

또한 투함과 함께 수상전의 주력함선으로 활약한 것이 노요라는 함선이다. 이것은 투함보다 작아서 급격한 방향전환이 가능했으며, 십 수명의 병사를 태우고 물 위를 누볐다. 몽충과 같이 노가 양쪽에 달린 소형선이다. 선체에는 무기고와 같은 망루가 설치되어 있었으며 투함보다는 속도가 빨랐지만, 몽충보다는 느렸다. 투함과 같이 여장을 장착한 노요도 있었다.

투함의 구조

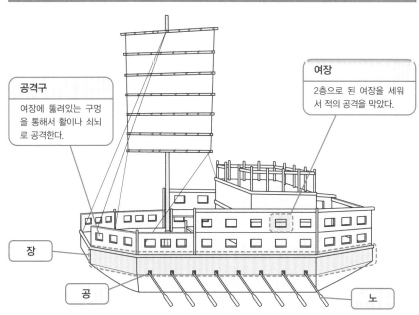

공격구
여장에 뚫려있는 구멍을 통해서 활이나 쇠뇌로 공격한다.

여장
2층으로 된 여장을 세워서 적의 공격을 막았다.

장

공

노

노요의 구조

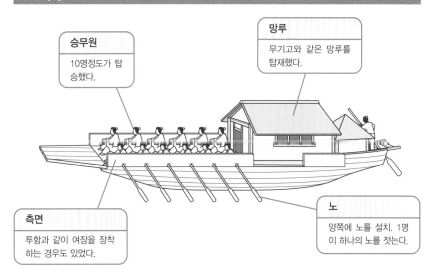

승무원
10명정도가 탑승했다.

망루
무기고와 같은 망루를 탑재했다.

측면
투함과 같이 여장을 장착하는 경우도 있었다.

노
양쪽에 노를 설치. 1명이 하나의 노를 젓는다.

관련항목
● 고대 중국의 해상을 누볐던 몽충→ No.075
● 고대 중국의 함대편성→ No.079

속도를 중시한 전함 · 주가

속도를 중시해서 건조된 함선이 「주가」라고 불리는 배다. 전투요원보다 승조원의 숫자가 더 많다. 무엇보다 속도가 잘 나오도록 설계된 주가는 고대 중국의 수상을 질주했다.

● 투함보다 소형으로, 속도를 중시한 쾌속선

몽충이나 투함보다 속도를 중시해서 건조된 배가 **주가**다. 다만 속도가 빠른 배는 춘추시대인 기원전 5세기에도 등장했었다. 당시의 배는 척후선으로 적마나 선등이라고 불렸다. 주가는 이러한 **적마**나 **선등**의 발전형이었다. 참고로 적마란 선체를 전부 다 붉게 칠한 쾌속선으로 5명 정도가 탔다. 주로 전령의 역할을 하거나 물속에 빠진 아군을 구출하는데 사용되었다. 주가의 등장으로 적마가 없어진 것은 아니며, 두 가지의 함선이 같이 사용되었다.

주가는 양쪽 현에 여장이 설치되어 있기만 한 단순한 배로, 전투요원보다 노잡이의 숫자가 더 많은 것이 특징이다. 전문성이 높은 노잡이가 노를 조종하는 것으로 속도가 증가했다. 현대 해군의 구축함과 같은 역할을 담당한 배다. 주가의 공격력 자체는 그렇게 뛰어난 것은 아니었기 때문에, 주로 몽충이나 투함의 공격을 보조했다. 소형에다 고속이었던 점을 살려서 기습이 주특기이며 아군을 향해 돌격해온 적 함선의 배후에 다가가서 공격을 가하는 등 전장의 상황에 맞춰서 임기응변으로 대응했다. 또한 후퇴하는 적 함선을 추격하는데도 효과를 발휘했다.

주가에 탑승하는 전투요원은 소수였기 때문에 선택 받은 정예요원만이 탑승했다고 한다. 그들은 궁병이나 쇠뇌병인 경우가 많으며 적진을 휘저어서 적의 진형을 붕괴시키거나, 적의 주의를 끌어서 후속부대를 위해 길을 만드는 등 수상전에 있어서는 빼놓을 수 없는 존재였다.

중국에서는 「주(走)」를 '도망가다'라고도 읽지만, 원래는 발이 빠른 모습을 표현하는 말이었다. 삼국시대의 적벽대전(208년)에서는 적진에 화선을 때려 넣은 장군 황개가 주가에 옮겨 타고 도망갔다고 한다. 또한 전한의 초대 황제인 유방이 낭인 생활을 할 때 말도둑으로 쫓기고 있었는데, 이를 소하가 주가에 태워서 도주시켰다는 에피소드도 남아있다.

주가의 외관과 특징

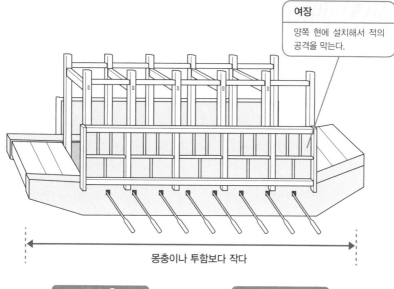

여장
양쪽 현에 설치해서 적의 공격을 막는다.

몽충이나 투함보다 작다

특징 1
작고 속도가 빨랐기 때문에 기습을 전문으로 했다.

특징 2
병사들보다 전문 노잡이의 숫자가 많았기 때문에 더욱 속도가 빨랐다.

적마의 외관과 특징

선체
붉게 칠했다. 적마라는 이름은 선체를 붉게 칠한 것에서 유래되었다.

병사의 역할 1
속도가 매우 빠르기 때문에 전령 역할을 했다.

병사의 역할 2
물에 빠진 아군을 구조한다.

관련항목

● 고대 중국의 함대편성 → No.079

적 함선을 불태우기 위한 전함 · 화선

고대시대의 함선은 전부 나무로 만들어졌다. 그래서 아무리 물 위에 떠있다고 해도, 한번 불이 붙으면 진화하기가 매우 어려웠다. 그래서 등장한 것이 적 함선을 불태우기 위해 고안된 「화선」이다.

● 가연성 물질을 싣고 적에게 다가가서 불태운다

배 위에서 가장 조심해야 하는 것이 바로 화재다. 배가 나무로 만들어졌었던 고대시대에는 물 위에 떠있다 하더라도 배에 불이 붙으면 치명상을 입었기 때문이다. 그래서 수상전에서는 불화살이 날아다녔으며 결국에는 **화선**이 등장했다.

화선은, 배에 불을 붙여서 적진에 돌격함으로써 적 함대를 불바다로 만드는 계략에 사용되는 함선이다. 배 자체에 불을 붙이는 것이 아닌 불에 잘 타는 장작이나 건초를 쌓고, 거기다 불을 붙여서 적진으로 보내는 것이다. 그리고 더욱 잘 타게 만들기 위해 이러한 장작과 풀에 기름을 먹였다.

화선공격은 날씨나 풍향에 쉽게 좌우되기 때문에 날씨에 대해 잘 아는 사람이 없다면 사용하기가 어려웠다. 그래서 원정에 나가서도 쓰기가 힘들었기에, 언제나 사용할 수 있는 작전이 아니었다.

또한 화선이 전술 중 하나로서 인식되면, 적군 역시 화선을 경계하게 되어 화선공격이 실패하는 경우도 많았다. 그래서 적들이 눈치채지 않도록 장작이나 건초를 **장막**으로 덮거나 낡은 배가 아닌 함선으로 화선공격을 하는 등의 방법을 사용했다. 또한 충분히 기름이 스며들지 않아서 실패로 끝나는 경우도 있었다.

삼국시대의 208년 적벽대전에서는 오의 장군 황개가 화선을 사용해서 적 함대를 전멸시켰다. 이때 황개는 배 전체에 붉은 색 장막을 두르고 장군기를 휘날리며 접근함으로써, 적군을 속이는데 성공했다.

화선은 중국에서만 사용된 것은 아니며 각국의 수상전, 해전에서도 자주 사용된 전법이다. 기원전 332년 마케도니아의 알렉산드로스 대왕이 티로스라는 해상도시를 공격했을 때 티로스는 폐선에 불을 붙여서 마케도니아군에게 돌격했다는 기록이 남아있다.

화선은 결국 화기가 발달함에 따라 그 역할을 다하고 전장에서 사라지게 된다.

화선의 구조와 단점

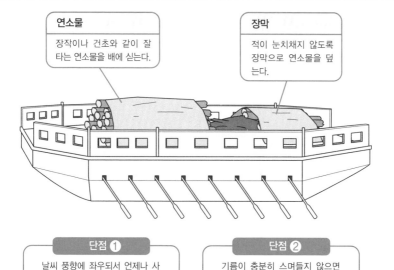

연소물

장작이나 건초와 같이 잘 타는 연소물을 배에 싣는다.

장막

적이 눈치채지 않도록 장막으로 연소물을 덮는다.

단점 ①

날씨 풍향에 좌우되서 언제나 사용할 수 있는 전법은 아니다.

단점 ②

기름이 충분히 스며들지 않으면 불이 붙지 않아서 실패로 끝난다.

화선 준비 순서

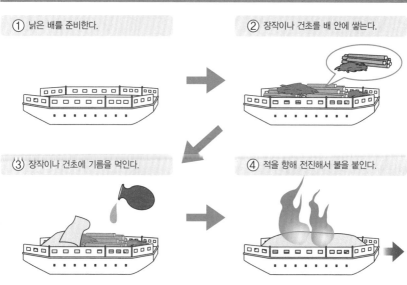

① 낡은 배를 준비한다.

② 장작이나 건초를 배 안에 쌓는다.

③ 장작이나 건초에 기름을 먹인다.

④ 적을 향해 전진해서 불을 붙인다.

관련항목

●삼국시대 대표적인 수전 · 적벽대전→ No.080

고대 중국의 함대편성

여러 가지 함선이 건조된 고대 중국에서는 점차 수상전도 조직적으로 치러지게 됐다. 누선, 투함, 몽충, 주가, 적마와 같은 군함이 물 위에 배치되어 진을 치고 싸웠다.

● 수상전의 기본적인 전투법

고대 중국에서는 장강(양자강)이라는 큰 강에서 전투가 시작된 이래, 여러 함선이 개발 및 건조되면서 수군이 발달했다.

수군에도 기본적인 진형이라는 것이 있었다. 항상 100명 이상이 탑승했던, 해상의 본진이라고 할 수 있는 누선은 진의 후방에 자리를 잡고 누선에 탄 장군이 지휘를 했다. 본진을 지키듯이 누선의 주위에는 투함이 배치된다. 전령용 주가나 적마는 전선에 배치된다.

그리고 진의 맨 앞에는 선두를 달리는 몽충이 배치되었고, 주가나 적마와 같이 속도가 빠른 배는 적을 교란시키기 위해 주위에 대기한다. 주가나 적마는 척후의 역할을 담당하며 간단한 정보는 기신호(깃발을 이용한 신호)로 누선에 전달하고, 때로는 빠른 속도를 이용해서 누선에 돌아와 정보를 전했다.

수상전은 먼저 선두에 있는 몽충끼리 격돌전을 펼치는 것으로 시작된다. 몽충은 적선을 침몰시키기 위한 군선이기 때문에 어느 한쪽이 대파될 때까지 계속된다. 파괴된 몽충의 선원은 물에 빠지게 되지만, 주가나 적마가 이들을 구해내고 다시 전력에 가담하게 된다. 몽충 중에서는 적의 본영인 누선을 향해서 돌격하는 것도 있었지만, 투함이나 노요가 보호를 하는 누선의 방어력은 높기 때문에 잘 침몰하지 않았다.

한편 누선에서는 쇠뇌병에 의한 일제사격이 이뤄져서, 양쪽의 병력이 서로 얽히는 난전이 벌어진다. 주가나 적마와 같은 소형선에 탄 병사들은 적진의 누선에 올라타서 백병전을 벌인다.

이렇게 해서 누선이 파괴된 쪽이 전쟁에서 패배하는 것이다.

또한 진나라 시대가 되면 투함이나 몽충보다 거대한 전함이 건조되어 수상전에 투입되었다. 이는 해골이라 불리는 전함으로 함미가 높고 함수가 큰 배로서 좀처럼 기울어지는 일 없이 균형을 잘 잡는다는 특징이 있었다.

고대 중국의 기본적인 함대편성

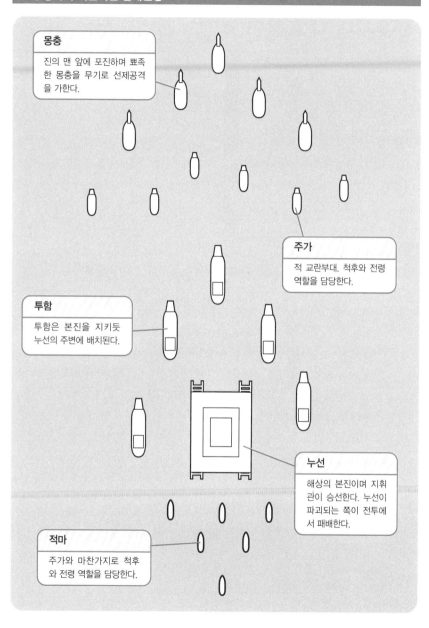

몽충

진의 맨 앞에 포진하며 뾰족한 몽충을 무기로 선제공격을 가한다.

주가

적 교란부대. 척후와 전령 역할을 담당한다.

투함

투함은 본진을 지키듯 누선의 주변에 배치된다.

누선

해상의 본진이며 지휘관이 승선한다. 누선이 파괴되는 쪽이 전투에서 패배한다.

적마

주가와 마찬가지로 척후와 전령 역할을 담당한다.

관련항목

● 해상에서 본진 역할을 한 누선의 실태→ No.074   ● 고대 중국 해상전의 주력·투함→ No.076
● 고대 중국의 해상을 누볐던 몽충→ No.075

삼국시대 대표적인 수전 · 적벽대전

208년 삼국시대를 대표하는 전쟁이 발발했다. 바로 적벽대전이다. 장강을 끼고 대치했던 오군과 위군. 수상전이 특기였던 오군은 누선을 비롯한 함선을 준비하고 화선을 사용해서 위군을 격퇴했다.

● 삼국시대 최대의 수상전

『삼국지』로 유명한 조조(위), 손권(오), 유비(촉)에 의한 삼국대립의 계기가 된 전란이 208년에 적벽에서 발발한 수상전이었다. 압도적인 병력으로 중원을 제패한 위에 대항해서, 장강 이남에 세력을 넓혔던 손권이 유비와 동맹을 맺고 대치했다.

예전부터 수상전이 특기였던 손권군은 23만에 이르는 조조의 수군을 겨우 3만이라는 병력으로 상대해서(병력에 대해서는 여러 설이 있다) 조조군을 상대로 완승을 거두고 병력을 내쫓았다. 이때 손권이 준비한 함선은 기록에 의하면 누선, 모충, 투함, 주가였다.

대군을 이끄는 조조군은 손권군이 포진한 적벽의 반대편인 오림에 진을 치고 나서, 대량의 군선을 빼곡히 늘어놓고 손권군을 기다렸다. 병력이 열세인 손권군은 기습을 노리며 기회를 기다렸다. 실로 몇 개월 동안 서로를 견제하는 내구전이 계속되었다.

오의 장군 황개는 이러한 교착상태를 타파하기 위해 스스로 거짓 투항을 해서, 밀집한 조조군의 선단에 불을 붙이는 기습 계획을 건의한다. 이 안이 받아들여져서 황개는 몽충에 타고 투함과 주가를 이끌어 조조군을 향해 출항했다. 몽충과 투함에는 기름을 먹인 장작과 건초가 실려있었다.

조조군의 선단을 앞에 두고 황개는 모든 몽충과 투함에 불을 붙인 다음, 자신은 주가에 옮겨 타고 도망쳤다. 화선으로 변한 오군의 몽충과 투함은 순조롭게 조조군의 선단을 들이받게 되고 삽시간에 불바다가 되고 만 것이다. 때마침 풍향도 도움이 된데다 함선을 빼곡히 늘어놓아서 조조군의 함선은 전부다 불타고 말았다. 게다가 누선 이외의 함선에 올라탄 손권군은 강을 건너서 조조군의 진영을 불태웠다. 전투는 오군의 완승으로 조조가 이끄는 위군은 간신히 북쪽으로 도망칠 수 있었다.

적벽대전 요도

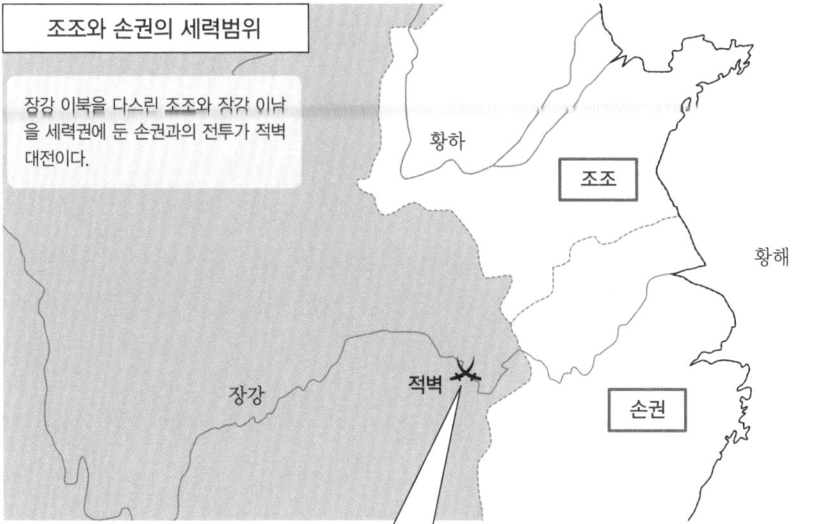

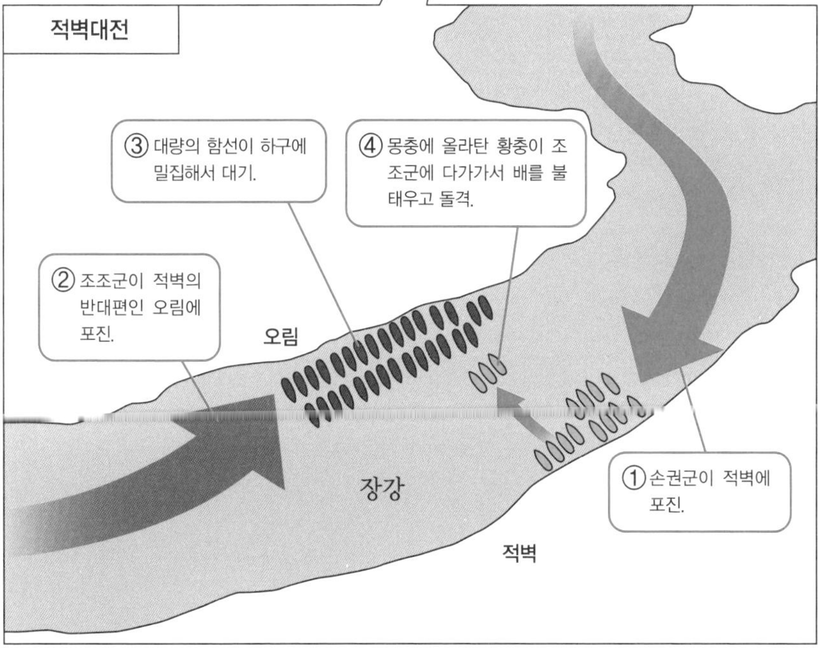

조조와 손권의 세력범위

장강 이북을 다스린 조조와 장강 이남을 세력권에 둔 손권과의 전투가 적벽대전이다.

황하

조조

황해

장강

적벽

손권

적벽대전

③ 대량의 함선이 하구에 밀집해서 대기.

④ 몽충에 올라탄 황충이 조조군에 다가가서 배를 불태우고 돌격.

② 조조군이 적벽의 반대편인 오림에 포진.

오림

장강

① 손권군이 적벽에 포진.

적벽

관련항목
● 적 함선을 불태우기 위한 전함·화선→ No.078
● 고대 중국의 함대편성→ No.079

제갈량이 개발한 목우・유마

삼국시대의 천재군사인 제갈량이 고안한 병량수송용 차량병기가 목우와 유마다. 미숙했던 병참의 유지와 강화를 목적으로 개발되어 촉의 병량수송에 크게 기여했다.

● 제갈량이 개발한 수송용 차

전쟁에 있어서 병량의 중요성은 이루 말할 수가 없다. 아무리 공세가 강하더라도 병량이 부족해서 후퇴해야만 하는 경우도 많다. 특히 수송 수단이 미숙했던 고대에는 병참의 유지가 승패를 좌우하는 일이 많았다.

삼국시대 228년, 촉의 제갈량은 위로 북벌을 감행한다. 이 원정의 가장 큰 과제는 처음부터 병량의 수송이라고 해도 과언이 아니었다. 이 시대에 사용했던 수송 수단이라고 한다면 말로 끄는 4륜차가 일반적이었다. 그러나 이러한 4륜차로 촉과 위 사이에 있는 산길을 넘는 것은 매우 어려웠다고 한다.

그래서 제갈량은 **목우**라 불리는 수송차를 개발했다. 목우는 앞쪽에서 끌고 가는 형태로 전장 1.4m 정도의 1륜차였다(2륜차라는 설도 있다). 1대에 쌓을 수 있는 병량은 성인 1인의 대략 1년분으로 병사 1명이 끌고 3명이 밀어서 하루에 10㎞를 가도 지치지 않았다고 한다.

위군의 압도적인 전력 앞에 촉의 북벌은 전부 실패로 끝이 났지만, 234년에 촉은 5번째 북벌을 개시했다. 이전의 북벌에 사용했던 길은 이미 위군에 의해 두터운 방어태세가 깔렸기 때문에 촉은 지금까지보다 더 험난한 길을 선택할 수밖에 없었다.

이때 문제가 되는 것이 역시 병량수송이었다. 목우만으로 불안했는지 제갈량은 여기에 **유마**라는 수송차를 개발했다.

유마는 손으로 미는 1륜차로 길이가 약 70㎝다. 폭이 약 50㎝인 받침대가 달려있었다. 20㎏정도의 쌀 자루를 2개 올릴 수 있는 정도의 크기로 목우보다 적재량은 적었으나 더욱 험난한 길을 다닐 수 있었다.

이 2개의 신병기로 병량수송은 성공했지만, 결국 촉군의 병력으로는 위군의 대군을 격파할 수 없었다.

목우의 외관

제갈량이 북벌을 감행할 때 병량수송을 위해 발명한 차량이 목우다.

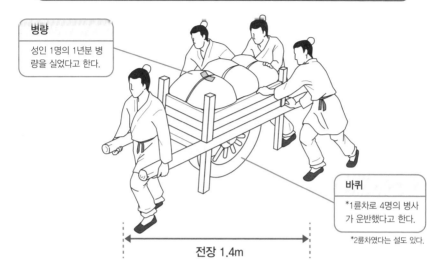

병량

성인 1명의 1년분 병량을 실었다고 한다.

바퀴

*1륜차로 4명의 병사가 운반했다고 한다.

*2륜차였다는 설도 있다.

전장 1.4m

유마의 외관

제5차 북벌 때 제갈량이 목우에 이어서 개발한 병량수송용 차량이 유마다.

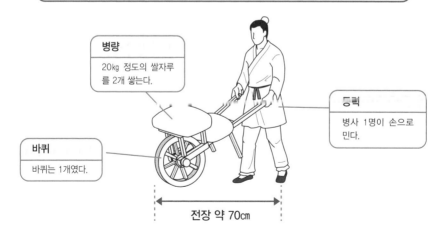

병량

20kg 정도의 쌀자루를 2개 쌓는다.

등력

병사 1명이 손으로 민다.

바퀴

바퀴는 1개였다.

전장 약 70cm

관련항목

● 제갈량이 개발했다는 연노란 어떤 무기인가→ No.051

항상 같은 방향을 가리키는 지남차

중국 전설의 황제인 황제(黃帝)가 만들었다고 전해지는 지남차는 항상 같은 방향을 가리키는 차량이다. 이 지남차가 실제로 만들어진 시기는 2세기에 들어와서였다.

● 같은 방향을 계속 가리키는 차량

지남차는 기원전 1세기에 성립한 『사기』의 권두에 등장한다.

지남차의 형태는 2륜의 대차 위에 팔을 올린 인형이 있는 것으로, 이 인형의 손가락은 항상 남쪽을 가리킨다. 전설 속의 중국황제인 황제(黃帝, 기원전 25세기)가 안개를 분사하고 도망가는 치우를 쓰러트리기 위해 방위자석 대신에 만들게 했다는 기술이 『사기』에 나와 있다. 황제는 지남차 덕분에 방향을 잃지 않고 치우와의 전투에서 승리했다고 하지만, 이 이야기는 어디까지나 전설에 불과할 뿐이다.

황제의 지남차는 실제로 존재하지는 않았지만, 지남차 자체는 존재했다. 실제로 후한시대(25~220년)에 중앙관리였던 장형이라는 인물이 전설을 토대로 지남차를 복원했는데, 이것이 최초로 제작된 지남차였다고 한다. 또한 삼국시대(3세기 후반)에 발명가로 잘 알려진 마균이라는 인물도 지남차를 만들었다고 한다. 지남차는 나침반처럼 방위각을 찾아내는 것이 아닌 처음에 지정한 방향을 계속해서 가리키는 것이다. 따라서 맨 처음에 북쪽으로 설정해 놓으면 지남차는 계속해서 북쪽을 가리킨다.

지남차가 어떻게 같은 방향을 계속해서 가리키는지를 간단하게 설명하자면, 자석이 아닌 톱니바퀴의 원리를 사용한다고 한다. 하지만 고대 중국에서는 기원전 시대부터 자석의 원리를 알고 있었으며, 자석을 사용해서 방향을 알 수 있는 「**지남어**」라는 도구가 3세기경에 제작되었다. 나무로 만든 물고기 모양의 모형으로 지남어의 머리 부분이 남쪽을 가리켰다고 한다.

지남차가 전장에서 사용되었는지에 대해서는 여러 설이 있지만, 송대(11세기)에는 제사 용으로 사용되었다고 한다. 일본에는 당에서 건너온 도래승이 7세기의 사이메이 천황(텐지 천황의 어머니)에게 헌상했다는 기록이 남아있다.

지남차

지남차는, 처음에 설정한 방향을 계속해서 가리키는 차량이다.

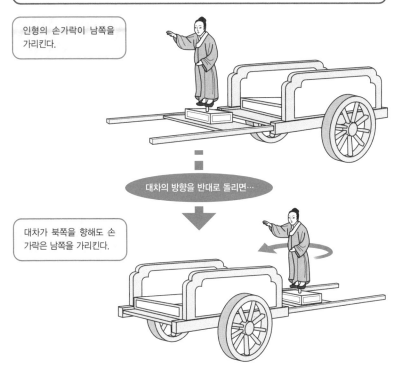

인형의 손가락이 남쪽을 가리킨다.

대차의 방향을 반대로 돌리면…

대차가 북쪽을 향해도 손가락은 남쪽을 가리킨다.

지남차의 역사

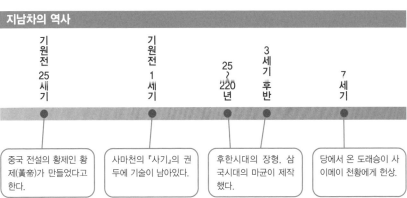

기원전 25세기	기원전 1세기	25〜220년	3세기 후반	7세기
중국 전설의 황제인 황제(黃帝)가 만들었다고 한다.	사마천의 『사기』의 권두에 기술이 남아있다.	후한시대의 장형, 삼국시대의 마균이 제작했다.		당에서 온 도래승이 사이메이 천황에게 헌상.

관련항목

●적의 행동을 방지하기 위한 덫 · 야복경과→ No.095

성문 밖에 설치된 소규모 성채—관성과 마면

성이 함락되는 것을 막기 위해 만들어진 것이 관성과 마면이었다. 성문에 도달하기 전에, 장벽의 역할을 하기 위해 만들어진 것이 관성이며, 성벽에 달라붙은 적병을 공격하기 위해 만들어진 것이 마면이다.

● 성을 지키기 위한 것들

고대 중국에서는 도시 그 자체가 거대한 성이었다. 그래서 성이 함락당한다는 것은 곧 국가가 멸망한다는 의미였다. 따라서 성곽의 방비에 중점을 뒀으며, 그중에서도 집중공격을 받는 성문의 방어는 수비군에게 있어서 가장 중요한 과제였다. **관성**이나 **마면**은 이러한 성문방비를 위해 개발된 것이다.

관성은 성문을 막듯이 성문의 앞에 쌓은 요새와 같은 것으로, 성벽과 마찬가지로 **여장**을 설치하고 여기를 통해서 공격을 한다. 관성은 춘추전국시대 무렵에는 이미 등장을 했으며, 성문을 향해 돌격해오는 적병을 성문에 도달하기 전에 이 관성에서 막았다. 공격군 입장에서는 관성을 함락시키지 않고는 성문에 도달할 수 없기 때문에 방어수단으로서는 상당히 효과적이었다고 한다.

관성은 시대가 지나면서 관문에 세워진 성을 가리키게 되었지만, 전쟁에 쓰였던 관성이 원래 출처라고 여겨진다.

마면은 성벽의 일부를 바깥쪽으로 돌출시킨 것으로 성벽에 달라 붙은 적병을 옆면에서도 공격할 수 있도록 만들어졌다. 3세기의 삼국시대에 자주 만들어진 것으로, 성의 네 구석에 만들었던 적의 동태를 보기 위해 지어진 누각이 발전한 것이다.

또한 이외에도 파놓은 해자 안쪽에 약간 낮은 성벽을 쌓은 **양마성**이라 불리는 방어시설도 있었다. 양마성 앞의 호에는 리리움과 같은 끝이 뾰족한 나무가 설치되었다. 그리고 해자를 건너려는 적병을 마면 위에서 궁병이 공격했다. 양마성은 빙원이라고도 불렸으며, 진한시대(기원전 3세기경)의 성벽에서 실례를 찾을 수 있다.

고대 중국에서는 성안에 적이 침입해온 순간 패배를 인정하지 않을 수 없었다. 그래서 선인들의 창의성은 견고한 성곽방어에 집중되었던 것이다.

성의 방어를 단단히

여장

마면

성벽에 들러붙은 적병을 옆쪽에서 공격하기 위해 만든 망루와 같은 것.

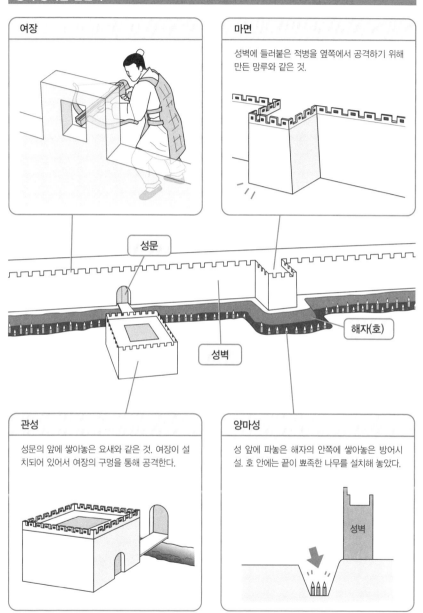

성문

성벽

해자(호)

관성

성문의 앞에 쌓아놓은 요새와 같은 것. 여장이 설치되어 있어서 여장의 구멍을 통해 공격한다.

양마성

성 앞에 파놓은 해자의 안쪽에 쌓아놓은 방어시설. 호 안에는 끝이 뾰족한 나무를 설치해 놓았다.

성벽

관련항목

● 성문을 지키기 위한 방어병기 · 현문→ No.084
● 진군해오는 적을 함정에 빠트리는 병기 · 리리움→ No.045

성문을 지키기 위한 방어병기 · 현문

관성이나 마면과 같은 목적으로 성문방어를 위해 만들어진 것이 「현문」이다. 현문은 성문의 안쪽에 설치할 수 있는 문으로 성문을 성안에서 보강하기 위한 수성병기 중 하나였다.

● 성문을 뒤에서 보강하기 위해 매단 두꺼운 판

　고대 중국에서는 성문에 대한 방어의식이 높아서 여러 가지 방어 시스템이 고안되었다. **현문**도 이러한 방어 시스템 중 하나로서 성문을 방어하기 위해 만들어진 병기다.

　현문은 성문을 성안에서 보강하기 위한 것으로, 표면에 철판을 댄 두꺼운 덧문짝이다. 출입구 윗부분에 나있는, 절단하듯이 파진 좁은 세로 구멍을 따라서 도르래를 사용해 위아래로 움직일 수 있도록 만들어졌다.

　만약 공성군이 충차 같은 것으로 성문을 돌파했다 하더라도 그 뒤에는 아직 현문이 기다리고 있다는 것이다. 성문의 문짝과 같이 두꺼운 것은 아니지만, 앞면이 철판으로 되어있기 때문에 간단하게 깨지지는 않는다.

　현문 이외의 방어 시스템으로는, 성문을 바깥쪽에서 보이지 않게 하기 위해 성문을 덮는 거대한 담과 같은 것이 있다. 이것은 **호성장**이라 불리며, 충차와 같은 공성병기가 성문에 도달할 수도 없고 멀리서 볼 때는 성벽과 똑같아 보이기 때문에 적의 눈을 속일 수 있다. 게다가 적에게 피해를 받지 않고 성문을 열고 닫을 수 있기 때문에 성안에서 간단하게 원군을 내보낼 수 있다.

　또한 삼국시대 이후가 되면 성문 부분을 반원형으로 튀어나오게 만든 **옹성**이라 불리는 호성장의 발전형도 나타났다. 이것은 성문에 몰려든 적병을 어떤 방향에서도 공격할 수 있었기 때문에 성문을 노리는 공성군의 공격을 분산시키고 늦추는데 효과적이었다.

　게다가 성문의 전방 5m 정도에 함정을 몇 개 설치하거나, 성벽의 아래쪽에 작은 구멍을 뚫고 얇은 벽면을 붙여서 성벽과 똑같이 만들어두고, 이 구멍을 통해 적의 의표를 찌르는 공격을 하기도 했다.

현문의 구조

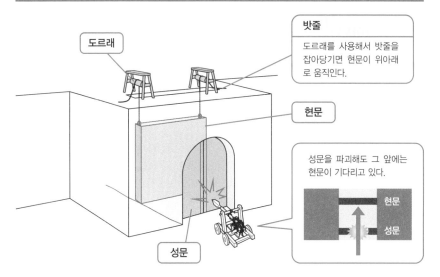

도르래

밧줄
도르래를 사용해서 밧줄을 잡아당기면 현문이 위아래로 움직인다.

현문

성문을 파괴해도 그 앞에는 현문이 기다리고 있다.

현문

성문

성문

호성장과 옹성

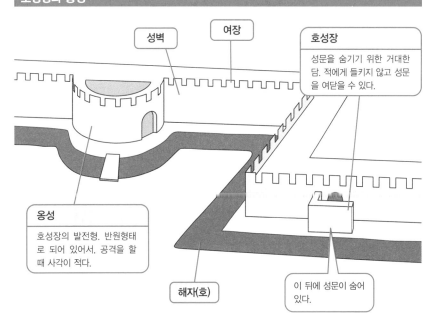

성벽

여장

호성장
성문을 숨기기 위한 거대한 담. 적에게 들키지 않고 성문을 여닫을 수 있다.

옹성
호성장의 발전형. 반원형태로 되어 있어서, 공격을 할 때 사각이 적다.

해자(호)

이 뒤에 성문이 숨어 있다.

관련항목

● 성문 밖에 설치된 소규모 성채─관성과 마면→ No.083

세계 최대의 방어벽 · 만리장성

세계 최대의 방어벽으로 알려져 있는 중국의 만리장성은 전체 길이가 8851.8㎞에 달하는 거대한 벽이다.

방어벽인 이상 적의 공격으로부터 국가를 보호하기 위해 만들어진 것이지만, 한번에 8000㎞에 달하는 벽을 만든 것은 아니다. 몇 백 년이라는 시간에 걸쳐서 중국왕조가 대대로 이러한 방어 시스템을 물려받아 지어진 것이다.

일반적으로는 진의 시황제가 쌓았다는 것으로 알려져 있지만, 그 대부분이 명대(14세기~)에 만들어진 것이고, 거기다 최초로 만들어진 것은 전국시대(기원전 5세기~기원전 3세기)였다.

원래 만리장성은 전국시대에 군웅할거한 각국이 북방 이민족의 위협을 배제하기 위해 만든 것으로 이것이 점점 전국 칠웅의 국경 사이에도 만들어지게 되었다. 그리고 이러한 벽들을 하나로 연결해서 거대한 벽으로 만든 것이 바로 시황제다.

만리장성은 시황제 시대에 이미 너무나도 커져서 모든 곳에 병사를 배치하는 것은 물리적으로 불가능했다. 그래서 군데군데 관문을 설치하고 그곳을 방어선으로 삼았다. 이와 동시에 초계선을 설치해서 적의 정세를 시찰하여 적을 조기발견할 수 있는 시스템을 구축했다.

만리장성의 역할은 기병부대나 치중차와 같은 병기들의 진행을 막는 것이며 실제로 투석기와 같은 장거리 병기를 사용해도 적의 대군이 만리장성을 넘는 데는 상당한 시간이 필요했다고 한다. 그리고 장성으로 인해 적의 발이 묶여있는 사이에 아군은 적을 맞아들일 충분한 준비를 할 수 있었다.

만리장성에는 여러 개의 봉화대가 존재한다는 것도 확인되고 있어서, 봉화를 올려서 신속하게 정보를 전달했었다는 흔적을 엿볼 수 있다. 전국시대 이후 중국왕조에 있어서 만리장성은 외적으로부터 몸을 보호하기 위해 반드시 필요한 존재였다.

그 후 화기가 개발되자 만리장성은 더 이상 방어벽으로서의 역할을 하지 못했다. 여진족이 건국한 금이나 몽골족이 건국한 원은 만리장성을 공략하면서 계속해서 중국 본토로 침공했다. 그들의 침공을 막기 위해 명이 현재의 만리장성을 만들었지만, 북방민족은 끊임없이 만리장성을 넘어왔다.

제4장
잡학

고대 로마에서 개최된 「전차」경주

전장의 주역으로 고대전에서 맹활약을 한 전차는 고대 로마나 고대 그리스 등 평평한 지형이 적은 나라에서는 많이 보이지 않았다. 그 대신에 발전한 것이 전차끼리의 경주였다.

● 최대 12대의 전차가 속도를 겨뤘던 경기

아시리아에서 최고의 전성기를 보낸 전차는 유럽에서 중국에 이르기까지 각 나라에 보급되었으며, 고대 중국의 춘추전국시대(기원전 8세기~기원전 3세기)에는 양쪽 군을 합쳐서 1000대가 넘는 전차가 투입된 전투가 있을 정도로 전장병기로 많이 사용되었다. 그러나 고대 로마나 고대 그리스의 전장에서 전차가 투입된 예는 놀랄 정도로 적다. 그 이유는 전장의 지형이 전차전에 적합하지 않았기 때문이었다.

고대 그리스나 고대 로마 제국에서는 전차를 전장에서 사용하지 않았던 대신에 **전차 경주**라는 형태로 사용했으며, 국민적인 인기를 얻는 스포츠로 번영했다. 전차경주가 시작된 것은 그리스라고 하며, 기원전 7세기의 아테나이에서 4마리의 말이 이끄는 전차경주가 벌어졌다고 기록이 남아있다.

그러나 세계에서 전차경주가 가장 많은 인기를 얻었던 것은 바로 로마 제국이다. 로마에는 25만명을 수용하는 경기장을 건설할 정도로 인기가 있었다.

로마의 전차경주는 전장 600m의 필드에 중앙분리대(스피너라고 한다)를 놓고 7바퀴를 돌았다고 한다. 스피너에는 풀장이 설치되어 있어서 그 앞을 달리며 지나가는 말에게 물을 뿌렸다고 한다.

출발 게이트가 12개 있었기 때문에 최대 12대의 전차가 경주를 했다는 것을 추측할 수 있다. 경주에 나가는 전차는 1명이 타는 소형전차로, 4마리의 말이 끄는 것이 주류였다. 전차경주는 순수하게 속도만을 겨루는 것으로 상대방에게 고의적으로 피해를 입히는 것은 규칙위반이었다. 하지만 매우 빠른 속도로 코너를 도는 경기 특성상 기수들의 목숨을 앗아가는 사고가 빈번하게 일어났다.

전차경주는 이후 도박의 대상이 되었는데, 도박을 금지했던 로마 제국은 전차 경주를 폐지했다. 그러나 이후에도 동로마 제국에서 경기를 재개했으며 중세시대에 이르기까지 유럽에서는 인기경기로서 계속 존재했다.

전차경주의 경기장과 전차

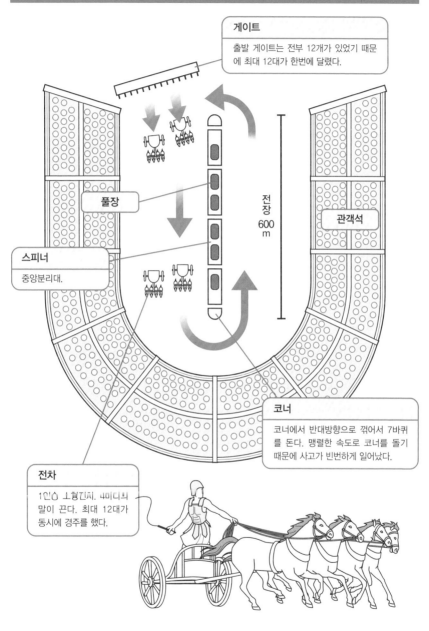

게이트

출발 게이트는 전부 12개가 있었기 때문에 최대 12대가 한번에 달렸다.

풀장

스피너

중앙분리대.

전장
600
m

관객석

코너

코너에서 반대방향으로 꺾어서 7바퀴를 돈다. 맹렬한 속도로 코너를 돌기 때문에 사고가 빈번하게 일어났다.

전차

1인승 2륜전차. 4마리의 말이 끈다. 최대 12대가 동시에 경주를 했다.

관련항목

● 전차의 기원 배틀 카→ No.005
● 전차부대는 어떤 진형으로 싸웠는가 ? → No.027

스파르타쿠스의 「포도덩굴 사다리」

기원전 73년에 발발한 스파르타쿠스의 반란. 고대 로마군에 의해 궁지에 몰린 스파르타쿠스군은 궁여지책으로 현지에서 재료를 조달해서 만든 포도덩굴 사다리로 탈출했다.

● 스파르타쿠스가 고안한 도망용 사다리

기원전 2세기 중반에 포에니 전쟁에서 카르타고를 멸망시킨 고대 로마제국은 세력을 확대하고 주변의 각 나라를 속국으로 만들었다.

그 무렵 로마 국내에서는 노예제도가 사회문제로 대두되고 있었다. 침략영토가 늘어감에 따라 그 수가 큰 폭으로 증가해서 노예가격이 하락한 것이 원인으로, 노예들의 생활환경이 매우 열악했었기 때문이다.

기원전 73년 트라키아인 검투사 노예인 스파르타쿠스가 노예들을 선동해서 로마에 대한 봉기를 일으켰다. 스파르타쿠스의 반란에 찬동한 것은 카푸아의 검투사 양성소의 70명 정도였다. 그러나 그들에게는 병기나 무기가 없었기 때문에 노예시대 때 차고 있었던 쇠사슬을 무기나 병기로 만들거나 현지에서 직접 재료를 구해서 만들었다.

나폴리만에 인접한 베수비우스 산에서 농성을 벌인 반란군은 3000명의 로마군에 의해 포위당했다. 식량조차 없는 반란군이었기에, 곧바로 항복할 것이라고 로마군은 낙관적으로 생각했다. 이 시점에서 반란군은 인근 농가의 노예들도 동행을 해서 700명을 넘었다고 여겨진다.

스파르타쿠스는 로마군의 포위망을 빠져나가기 위해 절묘한 아이디어를 냈다. 그것이 바로 「포도덩굴 사다리」였다.

반란군은 산속에서 자라는 포도나무의 줄기를 모아 튼튼하게 짜서 하나의 긴 사다리를 만들어냈다. 「포도덩굴 사다리」는 로마군 포위망의 반대쪽에 있었던 절벽 밑으로 내려졌고, 반란군은 「포도덩굴 사다리」를 사용해서 산기슭까지 내려와 방심하고 있던 로마군을 단번에 분쇄했다.

절체절명의 궁지에 몰렸었던 반란군을 구한 것은 현지에서 재료를 모아 만들었던 단 한 개의 사다리였던 것이다.

스파르타쿠스의 반란

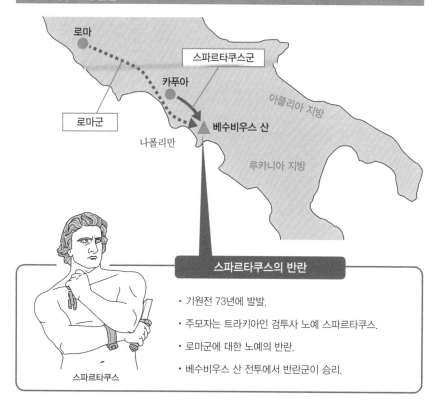

로마

스파르타쿠스군

카푸아

아플리아 지방

로마군

베수비우스 산

나폴리만

루카니아 지방

스파르타쿠스의 반란

- 기원전 73년에 발발.

- 주모자는 트라키아인 검투사 노예 스파르타쿠스.

- 로마군에 대한 노예의 반란.

- 베수비우스 산 전투에서 반란군이 승리.

스파르타쿠스

스파르타쿠스군을 승리로 이끈 포도덩굴 사다리

로마군에 포위를 당했었던 스파르타쿠스군은 산속에서 자란 포도 나무의 가지를 튼튼하게 엮어서 긴 사다리를 만들어 포위망 탈출에 성공한다. 탈출 후 로마군에게 기습을 걸어서 물리쳤다.

관련항목

● 공성병기의 원점이라고 할 수 있는 공성 사다리→ No.037

스파르타에 승리를 가져다 준 트로이 목마

기원전 1200년경에 발발한 트로이아 전쟁에 등장한 것이 트로이 목마다. 목마 안에 병사들이 숨어있었고, 상대방을 방심시키기 위한 병기로 쓰였기에 일종의 공성병기라고도 할 수 있을 것이다.

● 스파르타에 승리를 가져온 병기

호메로스가 적은 「일리아스」와 같은 서사시에 트로이아 전쟁의 모습이 묘사되어 있다. 트로이아 전쟁은 지금까지 신화의 영역에서 나오지 않았지만, 기원전 1200년경에 트로이아가 괴멸적인 타격을 입었던 것은 틀림없는 사실인 것 같다.

트로이아 전쟁은 트로이의 왕자 파리스가 그리스의 도시 스파르타의 왕비 헬레나를 자국으로 납치한 것이 발단이었다. 스파르타는 10만의 병력을 편성해서 트로이아를 공격했다. 총대장인 아가멤논은 대선단을 이끌고 트로이성에 맹렬한 공격을 퍼부었다.

그러나 트로이성은 견고했기 때문에 좀처럼 함락되지 않았다. 당시 그리스 지방의 공성무기라고 하면 원시적인 투석기 정도였을 테니, 상대방이 농성을 하게 되면 성을 공격하다 지치는 경우가 많았다.

그래서 스파르타는 성안에서 성문을 열 기책을 마련했다. 그것이 고대 병기 중 하나라고 할 수 있는 「**트로이의 목마**」다. 스파르타는 50~100명 정도의 병사를 안에다 숨길 수 있을 정도의 거대한 목마를 건조하고, 병사들을 안에 숨어 있게 한 다음 자군의 진에다 놓았다.

남은 군세는 진을 불태우고 퇴각하는 척 하면서 바다로 나갔다. 목마에는 「아테나이 여신에게 바친다」라고 적혀있었기 때문에 트로이군은 스파르타군이 철수했다고 믿고 그 목마를 성안으로 가지고 갔다.

그리고 성안의 아테나 여신상에 봉납된 목마에서, 준비해뒀던 사다리를 사용하여 스파르타 병사들이 쏟아져 나와 트로이성 안에서 날뛰었고, 결국 안에서 성문을 여는데 성공했다. 그러자 해상에서 대기하고 있던 남은 스파르타 군이 단번에 성안으로 밀고 들어와서 견고한 트로이성은 함락되고 말았다.

목마가 실제로 있었는지에 대한 확증은 없지만, 당시의 공성전에서는 여러 방법을 사용해서 성안에서 문을 열게 하는 수법이 주류였다는 것을 알 수 있다.

트로이아와 스파르타의 위치관계

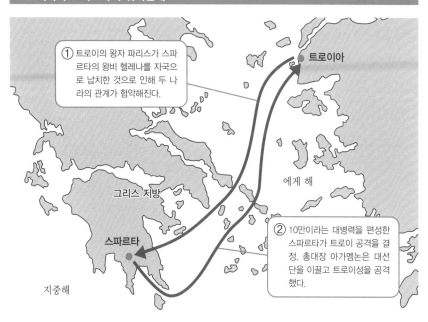

① 트로이의 왕자 파리스가 스파르타의 왕비 헬레나를 자국으로 납치한 것으로 인해 두 나라의 관계가 험악해진다.

트로이아

에게 해

그리스 지방

스파르타

지중해

② 10만이라는 대병력을 편성한 스파르타가 트로이 공격을 결정. 총대장 아가멤논은 대선단을 이끌고 트로이성을 공격했다.

트로이 목마의 상상도

견고하기 때문에 좀처럼 함락되지 않았던 트로이성에 대해 스파르타군이 생각해낸 기책이 바로 트로이의 목마다.

① 목마의 몸통부분은 비어있어서 50명~100명 정도의 병사가 안에 숨어 있었다.

② 안에 숨어 있던 병사들은 준비해둔 사다리를 이용해서 밖으로 뛰쳐나왔다.

관련항목

● 포위전과 공성병기의 발달→ No.009

아르키메데스의 크레인

시라쿠사의 천재수학자로서 현대에도 유명한 아르키메데스는 뛰어난 두뇌를 살려서 여러 가지 병기를 개발했다고 한다. 「아르키메데스의 크레인」역시 이러한 병기 중 하나다.

● 아르키메데스가 고안한 거대 크레인

기원전 3세기 지중해의 제해권을 두고 싸웠던 것은 고대 로마 제국과 북아프리카에서 번성했던 카르타고였다. 두 나라는 기원전 264년부터 100년 이상의 긴 전쟁상태에 빠지게 된다. 바로 포에니 전쟁이다. 기원전 215년 로마가 카르타고에 종속되어 있던 시칠리아 섬의 도시인 시라쿠사를 공격했다. 대군을 이끌고 온 로마군에게 있어서 시라쿠사를 함락시키는 것은 식은죽 먹기였을 것이다. 실제로 50년 전인 기원전 265년 시라쿠사는 로마에 패했었다.

그러나 이번 원정은 로마군에게 있어서 고행길이었다. 로마군을 막고 있던 것은 시칠리섬의 시라쿠사에서 태어난 그리스의 천재수학자 아르키메데스(기원전 287년~기원전 212년)였다. 아르키메데스는 부력의 원리나 원주율과 같은 위대한 업적을 남긴 수학자로 지렛대의 원리를 이론화한 것으로도 유명하다. 이러한 그의 천재적인 두뇌는 가공할만한 병기를 개발했다.

시라쿠사를 함락시키기 위해서는 바다에서의 공격이 필요했다. 로마군은 카르타고군의 기술을 훔쳐서 건조한 5단노선을 대량으로 투입했다. 이에 맞서는 아르키메데스가 대형함선을 파괴하기 위해 개발한 것이 「아르키메데스의 크레인」이라 불리는, 현대의 크레인과 같은 대형장치였다.

특제 조인트 부분이 크레인을 수직으로도 수평으로도 선회시킬 수 있도록 만들어졌으며, 선단부분에 달린 갈고리로 로마군의 함선에 걸어서 공중으로 들어올리고 도르래를 조종하여 수면 위로 던져버렸다. 도르래의 밧줄은 사람과 소가 끌어당겼다고 한다. 이와 같은 장치로 5000kg에 달하는 거대한 돌이나 납 덩어리를 들어올려서 적 함선을 향해 낙하시켰다고 한다. 아르키메데스의 크레인은 로마군을 전부 다 격퇴시켰으며 로마군은 2년 반이라는 장기간 동안 시라쿠사에서 발이 묶였다고 한다. 이러한 아르키메데스도 시라쿠사가 점령당했을 때 로마군에 의해 결국 살해당하고 말았다.

아르키메데스의 크레인의 구조

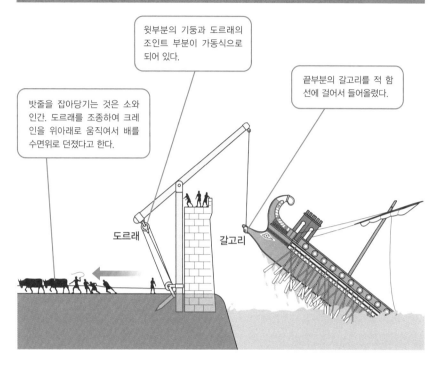

윗부분의 기둥과 도르래의 조인트 부분이 가동식으로 되어 있다.

끝부분의 갈고리를 적 함선에 걸어서 들어올렸다.

밧줄을 잡아당기는 것은 소와 인간. 도르래를 조종하여 크레인을 위아래로 움직여서 배를 수면위로 던졌다고 한다.

도르래

갈고리

천재수학자 아르키메데스

아르키메데스

▶ 시칠리 섬의 시라쿠사에서 태어남.

▶ 기원전 287년생, 기원전 212년 사망.

▶ 그리스의 천재수학자로서 유명하다.

▶ 부력의 원리, 원주율, 지렛대의 원리와 같은 업적이 있다.

▶ 병기 개발에도 관여.

관련항목
● 고대 로마군이 고안해낸 코르부스란 무엇인가 ? → No.034
● 거대반사경과 아르키메디안 스크류 → No.089

거대반사경과 아르키메디안 스크류

아르키메데스가 고안한 병기는 아르키메데스의 크레인뿐만이 아니었다. 거대반사경이나 스크류 등도 그의 손에 의해 병기로 탄생되었지만, 실재로 존재했했는지는 확실하지 않다.

● 아르키메데스가 개발했다고 여겨지는 병기

아르키메데스가 개발했다고 여겨지는 병기는 크레인뿐만이 아니다. 앞쪽에서 다뤘던 것과 마찬가지로 포에니 전쟁에서 로마군을 괴롭힌 병기로서 **거대반사경**이 있다. 아르키메데스는 성벽 위에 거대한 볼록거울을 늘어놓고 여기에 태양광선을 집중시켜서 적 함선에 조준하여 광선을 발사함으로써 적 함선을 불태웠다고 한다.

이것은 2세기의 저술가 루키아노스가 남긴 일화로 현대의 과학으로는 실현불가능하다는 결론을 내렸다. 루키아노스가 남긴 방법으로 적 함선을 불태우려면 불화살을 날리는 편이 더욱 빠르고 간편하다는 것을 알 수 있다. 그러나 아니 뗀 굴뚝에서 연기 날까라는 말이 있듯이 아르키메데스가 볼록거울을 사용해서 무언가를 했을 가능성은 남아있다.

아르키메데스가 발명해서 전장에서 사용됐다고 하는 또 하나의 병기가 **아르키메디안 스크류**라 불리는 물을 퍼 올리는 장치다.

시라쿠사에 건조된 시라코시아호라는 거대함선은 배 안에 정원이나 신전을 갖춘, 600명을 수용할 수 있는 당시 최대의 배였다. 시라쿠사의 히에론 2세는 시라코시아호의 선내에 고여있는 물을 빼낼 수 있는 방법을 찾기 위해 아르키메데스에게 해결을 부탁한 것이다.

아르키메디안 스크류는 핸들을 돌려서 원통 내부에 나선형 판을 회전시키는 것으로 낮은 위치에 있는 물을 퍼 올릴 수 있다. 시라코시아호가 전장에서 어떻게 활약했는지는 알려져 있지 않지만, 아르키메디안 스크류 덕분에 침수를 막을 수 있었다고 한다.

이외에도 아르키메데스는 주행거리를 정확히 측정하는 기계를 만들거나 투석기를 개량해서 위력을 두 배 이상 증가시키기도 했다. 또한 투석기나 크레인과 같은 병기를 효율적으로 사용하기 위해 성벽의 설계까지 직접 했다고 전해진다.

아르키메데스의 거대반사경

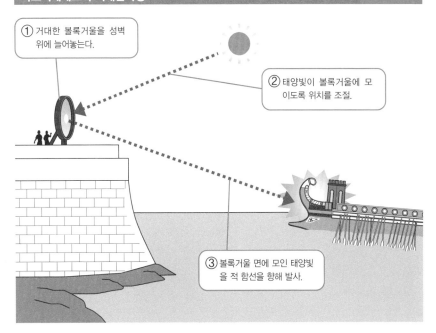

① 거대한 볼록거울을 성벽 위에 늘어놓는다.

② 태양빛이 볼록거울에 모이도록 위치를 조절.

③ 볼록거울 면에 모인 태양빛을 적 함선을 향해 발사.

아르키메디안 스크류

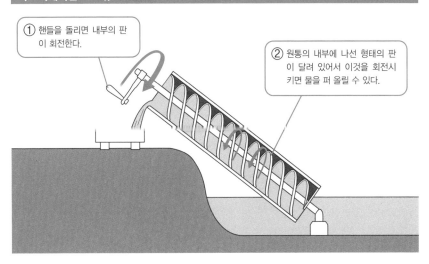

① 핸들을 돌리면 내부의 판이 회전한다.

② 원통의 내부에 나선 형태의 판이 달려 있어서 이것을 회전시키면 물을 퍼 올릴 수 있다.

관련항목

● 아르키메데스의 크레인→ No.088

아군의 전투 코끼리에 당한 피로스

코끼리는 육상최대의 동물이며, 그런 코끼리를 자유자재로 조종하는 것은 어려웠다. 그래서 조금만 잘못해도 전투 코끼리 부대가 폭주해서 지멸하는 경우도 있었다. 고대 로마군과 싸웠던 피로스 왕이 그중 하나였다.

●육상 최대의 동물병기의 약점

기원전 5세기경에 나타난 **전투 코끼리 부대**는 인도나 마케도니아의 주력병기가 되었다. 그러나 거대한 코끼리를 조종하는 것은 간단하지 않았으며 개중에는 전투 코끼리가 폭주해서 아군을 괴멸시킨 부대도 있었다.

기원전 3세기 후반에 이탈리아 반도 통일을 노린 고대 로마 제국과 이탈리아 반도 남부를 장악했던 그리스계 도시인 타렌툼 사이에 격돌이 일어났다. 열세였던 타렌툼은 그리스 본토의 **에페이로스 왕국의 피로스 왕**에게 도움을 요청했으며, 피로스왕은 즉시 병사 25000과 전투 코끼리 20마리를 이끌고 바다를 건너 로마군과 대치했다. 로마군이 전투 코끼리 부대와 처음으로 조우한 것이 바로 이 피로스군과의 전투였다.

첫 전투에서는 피로스의 전투 코끼리에 의해 로마군이 후퇴했지만, 기원전 275년의 말벤툼 부근의 전투에서는 반대로 피로스군의 전투 코끼리를 대혼란에 빠트려서 로마군이 승리를 거뒀다. 이때 로마군은 20마리의 전투 코끼리에게 불화살이나 횃불을 던져, 전투 코끼리가 움츠러드는 사이에 코 끝을 창이나 검으로 찔렀다. 그러자 1마리의 전투 코끼리가 패닉 상태에 빠져서 전투 코끼리 조련사를 떨구고 방향을 틀어서 폭주를 하기 시작했다. 이렇게 되자 남은 코끼리 역시 패닉 상태에 빠지게 되고, 피로스군은 아군의 전투 코끼리에 의해 괴멸상태가 되고 만다.

원래 코끼리는 온순하고 겁이 많은 동물이다. 그러나 다루기 쉬운 반면 피로스군의 전투 코끼리와 같은 단점도 같이 가지고 있었기 때문에 그야말로 양날의 검이라 할 수 있다.

알렉산드로스 대왕이 인도군과 싸웠을 때도 인도군의 전투 코끼리 부대가 폭주해서 아군을 괴멸상태로 만들었다. 이때도 피로스군에 대항하는 로마군과 마찬가지로 알렉산드로스가 이끄는 마케도니아군은 전투 코끼리를 향해서 날카로운 창으로 찔러댔다. 그러자 전투 코끼리들이 한꺼번에 방향을 바꿔 도망치면서 인도군을 향해 돌진했고 이로써 인도군이 괴멸하고 만 것이다.

로마 제국과 에페이로스 왕국의 대립

로마

아드리아 해

마케도니아

대립

타렌툼

에페이로스의 피로스왕이 타렌툼을 돕기 위해 출정.

말벤툼

에페이로스 왕국

기원전 275년 로마군과 피로스군이 격돌.

타렌툼이 에페이로스에 구원을 요청.

지중해

로마군과 전투 코끼리의 대결

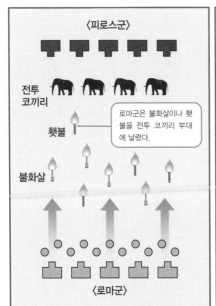

〈피로스군〉

전투
코끼리

횃불

로마군은 불화살이나 횃불을 전투 코끼리 부대에 날렸다.

불화살

〈로마군〉

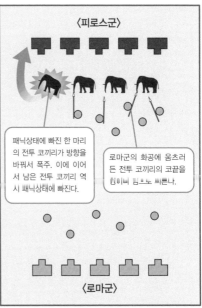

〈피로스군〉

패닉상태에 빠진 한 마리의 전투 코끼리가 방향을 바꿔서 폭주. 이에 이어서 남은 전투 코끼리 역시 패닉상태에 빠진다.

로마군의 화공에 움츠러든 전투 코끼리의 코끝을 힘이버 칼으노 씨른다.

〈로마군〉

관련항목

● 육상 최강의 동물 병기 · 전투 코끼리→ No.035
● 전투 코끼리는 전장에서 어떤 활약을 보였는가→ No.036

코끼리 이외의 동물 병기

전장에서 병기로서 활약한 동물은 코끼리뿐만이 아니었다. 일본의 「화우전법」이라는 전술이 있었듯이 고대
세계에서는 여러 가지 동물이 전장에 투입되었다.

● 낙타, 소, 개 등이 전장에서 활약

코끼리나 말이 전장에서 이용된 것과 마찬가지로 다른 동물들 역시 전장에 끌려나
가게 되었다. 그중에 하나가 **낙타**다. 낙타는 기원전 2500년경부터 가축으로 길러졌으
며, 기원전 700년대에는 아시리아와 싸웠던 아라비아인이 낙타기병을 사용했었다. 처
음에는 1명이 탔으나 이후에 조종수와 궁병의 2인1조로 낙타에 탑승하게 됐다. 기원
전 546년의 사르디스 전투 때는 페르시아의 키루스 대왕이 낙타부대를 적의 기병부대
와 대결시켜서 승리를 거뒀다는 기록이 남아있다.

낙타는 인내력이 있으며 험난한 지역에서도 이동속도를 많이 떨어트리지 않았기 때
문에 수송부대로도 활약했다. 하지만 말이나 코끼리에 비해 성질이 사나워서 자유자재
로 조종하기 위해서는 숙련된 기술이 필요했다. 또한 낙타의 서식범위가 좁았기 때문
에 유럽에까지 보급되지는 않았다.

소 역시 병기로서 사용되었다. 포에니 전쟁 중에 일어난 트라시메누스 호반(기원전
217년) 전투에서는 마케도니아 군이 소의 뿔에 횃불을 묶어서 로마군을 유도하고 이를
이용해서 승리했다(화우). 기원전 279년의 중국에서도 제나라의 전단이 약 1000마리의
물소의 꼬리에 불이 붙은 횃불을 묶어서 적진으로 돌진시켰다. 또한 말 대신에 소로 전
차를 끌게 한 나라도 있었다.

이외에도 고대시대부터 인간과 친숙한 동물로 **개**가 있다. 개는 현대에도 군용으로
사용되지만, 고대에도 이와 마찬가지였다. 뛰어난 후각과 주인에 대한 충성심으로 야
습을 해오는 적을 가장 먼저 탐지하는 등, 직접적인 공격력은 없지만, 전장에서는 큰
도움이 되었다.

또한 **새**에다 화통을 매달고 적진으로 날려서 불을 붙이거나 새가 돌탄환을 들게 해
서 하늘에서 돌을 떨어트리는 경우도 있었다. 이외에도 **족제비**와 같은 작은 동물에게
횃불을 들려서 적진을 혼란시키는 것과 같은 사용법도 있었다.

군용 낙타의 특징

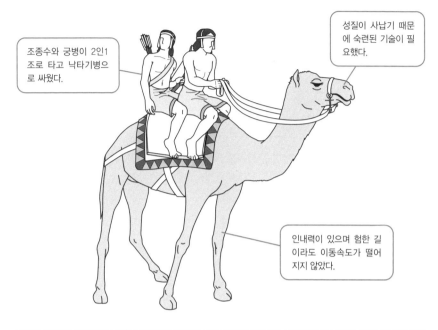

조종수와 궁병이 2인1조로 타고 낙타기병으로 싸웠다.

성질이 사납기 때문에 숙련된 기술이 필요했다.

인내력이 있으며 험한 길이라도 이동속도가 떨어지지 않았다.

군용 소의 특징

소뿔에 횃불을 묶어서 돌진시켰다.

꼬리에 횃불을 묶는 경우도 있다.

말 대신에 전차를 끄는 경우도 있다.

관련항목
● 육상 최강의 동물 병기 · 전투 코끼리→ No.035
● 전투 코끼리는 전장에서 어떤 활약을 보였는가→ No.036

고트족의 사륜차진

고대 로마 제국과 싸웠던 고트족이 로마군의 기본 진형인 레기온에 대항하기 위해 고안한 진형이 「사륜차진」이다. 사륜차진은 전장에서 효과적으로 작동해서 로마군을 분쇄했다.

● 고대 로마군의 레기온을 깨트린 진형

로마 제국에는 오랫동안 내려온 **레기온이라 불리는 중장보병부대**가 있었다. 이것은 마케도니아의 팔랑크스와 같은 밀집부대로 1200명의 보병과 300명의 기병으로 구성된 1개군단을 가리킨다. 보병은 제1~제3전열병으로 나뉘며 제1과 제2전열병은 투창을 장비한 교전병이고, 제3전열병은 장창을 장비한 예비병이었다. 그리고 최전선에 투사병기를 가진 경갑보병이 진을 쳤다. 팔랑크스보다 기동력이 높았던 레기온은 로마 제국군의 주력으로 수많은 전쟁에서 승리를 거뒀다.

이러한 레기온을 시대에 뒤처진 과거의 유물로 만들어버린 것이 서 고트족이었다. 서고트족은 도나우 연안(현재 루마니아)에 정착했던 민족으로, 훈족이 서진을 함으로써 이에 밀려 로마의 영토로 침입하면서 로마 제국과의 마찰을 겪게 되었다.

서 고트족과 로마 제국의 대립이 격화되어, 378년 아드리아노플에서 결국 무력 충돌이 일어나고 만다. 로마 제국은 4만명의 병사로 구성된 레기온을 투입하고, 이에 대항하는 서 고트족은 7만명의 병사로 **사륜차진**을 짜서 대항했다.

사륜차진이란 전차를 원형으로 배치해서 이를 방어벽으로 삼는 견고한 진형으로, 원진 안에서 보병부대를 보호하는 것이다. 그리고 상황에 따라서 사륜차진 안에서 창이나 활과 같은 투척무기로 적을 공격하고 때로는 차진에서 밖으로 나와 백병전을 벌인다. 그리고 위험을 감지하면 차진 안으로 도망치는 것이다.

로마군은 서 고트족의 사륜차진 앞에서 완패하고 말았다. 레기온은 서 고트족의 차진 바로 앞까지 가서 공격을 개시했지만, 차진 안에서 차례로 나오는 서 고트족의 보병세력에 압도당하고, 거기다 중장기병에게 레기온의 배후를 잡혀서 어찌할 방법 없이 무수히 죽어 나갔다. 이 전투에서 로마군의 희생자는 3만에 이르렀다고 한다.

레기온의 전열

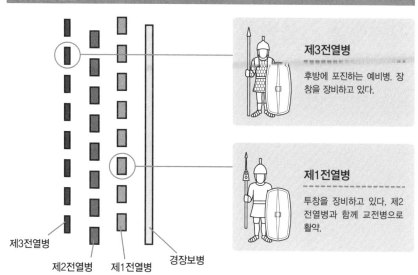

제3전열병

후방에 포진하는 예비병. 장창을 장비하고 있다.

제1전열병

투창을 장비하고 있다. 제2전열병과 함께 교전병으로 활약.

제3전열병

제2전열병   제1전열병   경장보병

고트족의 사륜차진

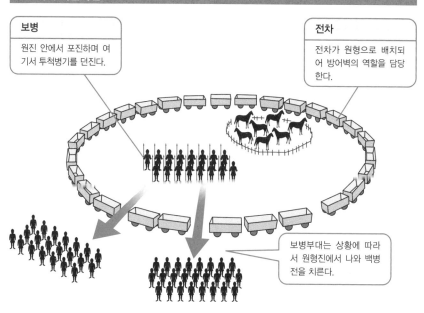

보병

원진 안에서 포진하며 여기서 투척병기를 던진다.

전차

전차가 원형으로 배치되어 방어벽의 역할을 담당한다.

보병부대는 상황에 따라서 원형진에서 나와 백병전을 치른다.

관련항목

● 중장보병의 집합체 팔랑크스→ No.047

기마전을 가능하게 만든 등자

기병부대의 유효성은 고대시대부터 인식되었지만, 말을 조종하는 것이 어려웠기 때문에 주력부대가 되지는 못했다. 그러나 「등자」의 발명에 의해 기병부대가 전장의 주역으로 떠올랐다.

● 기병대를 주력부대로 바꾼 획기적인 발명

고대의 군대는 어느 나라던 보병부대가 주력이었다. 기병부대 역시 존재했었지만, 주력까지는 아니었다. 말에 탄 채로 무기를 휘두르는 것은 어려웠으며, 이러한 수준까지 숙련된 병사를 대량으로 키우는 것은 불가능했기 때문이다.

말 위에 타고 싸우는 것이 어려운 이유는, 지금 시대에는 너무나도 당연한 **등자**가 발명되지 않았기 때문이다. 등자란 말의 동체 좌우에 매다는 마구로서 여기에 좌우의 발을 걸어서 안정성을 높이는 것이다. 등자가 없이 말을 타는 경우, 양쪽 다리로 말의 배를 확실하게 잡지 않으면 제대로 달릴 수 없다. 거기다 힘을 제대로 쓰지 못하는 자세에서 창이나 활과 같은 무기를 사용해도 위력이 반감되고 만다. 또한 양쪽 다리에 힘을 주면서 말고삐에서 손을 놓고 말을 조종하는 기술은 간단하게 습득할 수 있는 것이 아니었다. 그래서 등자의 발명은 획기적인 것이었다. 양쪽 다리를 어딘가에 지지하고 말에 탈수 있게 되면서, 간단하게 말 위에서 전투를 펼칠 수 있게 된 것이다.

등자가 어디서 발명되었는지는 지금까지 확실하게 밝혀지지 않았지만, 가장 오래된 등자는 4세기의 중국에서 발견된다. 중국대륙의 한민족에게는 말을 타는 습관이 없어서 이를 보조하기 위해 발명된 것이라고 추측된다. 일본이나 한반도에서는 5세기가 되어서 사용한 흔적이 남아있다. 그 후에는 유럽각지에서도 사용하게 되었다. 등자는 아시아에서 유럽으로 전래된 것이다.

등자는 그 후 세계 각지로 전파되어 기병 부대의 공격력을 대폭 향상시켰다. 모든 체중을 등자로 지탱하고 창이나 검을 사용하는 것이 가능해졌으며, 다리로 말을 붙들지 않아도 됐기 때문에 속도도 낼 수 있었던 것이다.

참고로 기병부대가 탄생하고 나서 등자가 등장할 때까지의 수 백 년 동안에도 사람들은 안정적으로 말을 타기 위해 여러 가지로 노력했다. 예를 들어 안장의 네 귀퉁이에 나무로 된 뿔 모양의 물체를 달아서 안정성을 높였다. 평면인 안장에 비교하면 몸이 기울어도 자세를 쉽게 되돌릴 수 있기 때문에 활이나 창을 훨씬 더 쉽게 사용할 수 있었다고 한다.

등자와 안장

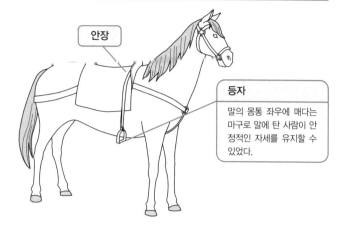

안장

등자

말의 몸통 좌우에 매다는
마구로 말에 탄 사람이 안
정적인 자세를 유지할 수
있었다.

등자의 장점

1 안정성

양쪽 발을 등자에 거는 것으로 안정성이
향상됐다.

2 공격력 향상

양쪽 다리에 제대로 체중을 실을 수 있어
서 말 위에서 공격을 하는 것이 월등히
쉬워졌다.

뿔 달린 안장

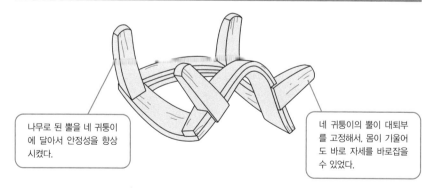

나무로 된 뿔을 네 귀퉁이
에 달아서 안정성을 향상
시켰다.

네 귀퉁이의 뿔이 대퇴부
를 고정해서, 몸이 기울어
도 바로 자세를 바로잡을
수 있었다.

관련항목

●전차부대에서 기병부대로→ No.008

비잔티움 제국에서 발명된「그리스의 불」

로마 분할에 의해 탄생한 비잔티움 제국은 멸망할 때까지 수많은 나라들의 침략을 받았다. 그러나 이러한 침략에서 수도 콘스탄티노플을 지켜준 것은「그리스의 불」이라 불리는 병기였다.

● 비잔티움 제국을 지킨 화염병기

4세기 고대 로마는 서로마 제국과 비잔티움 제국(동로마 제국)으로 분할되었다. 비잔티움 제국은 6세기의 유스티니아누스 황제 때에 전성기를 구가했지만, 이후에는 항상 이슬람 제국에 침공을 당했으며 수도인 콘스탄티노플은 몇 번이고 함락의 위기를 맞이했다.

673년 이슬람 제국은 콘스탄티노플을 포위하고 7년에 걸쳐서 해상봉쇄를 했다. 이때 이슬람 제국의 마수에서 비잔티움 제국을 구한 것이「**그리스의 불**」이었다. 개발된 시기는 더 이전이었을 것이다.

그리스의 불은 현대의 화염방사기와 비슷한 병기로 그리스의 건축가인 칼리니코스가 발명했다고 한다. 그리스의 불의 제조법은 비잔티움 제국의 일급비밀이었기 때문에 비잔티움 제국이 멸망하면서 그리스의 불 제조법 역시 소실되고 말았다. 남아있는 문헌을 토대로 추측해보면 액체 상태 혹은 겔 상태의 가연성 물질을 작은 상자에 채워서 수류탄처럼 적에게 던지거나, 사이폰 원리를 이용한 펌프로 빨아 올려서 분사하고 거기에 불을 붙였던 것 같다. 물을 뿌려도 꺼지지 않고 오히려 더욱 넓게 퍼졌다고 한다.

그리스의 불의 성분은 유황, 초석, 석유, 송진, 고무 수지가 포함되어 있던 것 같다. 또한 모래 이외에는 불을 끌 수 없었다는 설도 있었는데, 이 설을 믿는다면 나프타를 원료로 만들었다고도 생각할 수 있다.

그리스의 불은 모든 전장에서 압도적인 힘을 발휘해서 상대방이 접근할 수 없었다. 특히 해전에서의 효과는 발군이었는데, 나무로 만든 함선을 전부 다 불태웠다. 이렇게 800년동안 그리스의 불은 콘스탄티노플을 보호해왔던 것이다.

그리스의 불의 특징

 그리스의 불이란

 1 비잔티움 제국(동로마 제국)에서 개발된 기밀병기.

 2 비잔티움 제국을 이슬람의 침략에서 몇 번이나 구해냈다.

 3 비잔티움 제국의 멸망과 함께 제조법이 소실되었기 때문에 제조법을 추측할 수밖에 없다.

 4 물을 뿌려도 꺼지지 않고, 불이 더욱 넓게 퍼졌다고 한다.

그리스의 불을 그린 당시의 그림(9세기 전반)

관련항목

● 고대에서 중세로 ─ 화약의 발명→제 2 장 칼럼

적의 행동을 방지하기 위한 덫 · 야복경과

고대 중국에서는 아군의 진에 침입한 적병을 상대하기 위해 야복경과라는 덫을 설치해두기도 하였다. 이것은 쇠뇌에 밧줄을 묶고 이 밧줄을 건드리면 화살이 발사되는 구조다.

● 적의 접근을 차단하는 경이로운 덫

중국의 명대(14세기 이후)에 나온 『기효신서』라는 책에 「야복경과」라는 병기가 실려있다. **야복경과란 침입해온 적을 물리치기 위해 설치하는 쇠뇌를 사용한 덫**을 가리킨다.

야복경과는 덫인 이상 상대방이 눈치채지 못하도록 설치해야만 하는데, 과연 어떤 방법으로 설치를 했을까?

먼저 야복경과에 사용하는 쇠뇌의 방아쇠에 밧줄을 묶고 이 밧줄을 지면에 깔아뒀다. 그리고 적이 밧줄을 밟으면 방아쇠가 당겨져서 화살이 발사된다는 구조다.

밧줄의 끝에 세팅된 쇠뇌는 하나가 아닌 여러 개였다. 따라서 예를 들어 한발이 명중되지 않더라도 다음 화살이 상대방을 격퇴했다.

야복경과는 명대의 서적에 기록되어 있긴 하지만, 그 기원은 기원전 3세기까지 거슬러 올라간다. 기원전 210년에 병으로 사망한 진의 시황제는 생전에 자신의 묘를 준비했다. 지하 깊숙이 만들어진 묘에는 많은 보물들도 함께 매장될 예정이었기 때문에 도굴을 당할 위험성이 있었다.

그래서 **도굴범들에게서 능묘를 지키기 위해 「기노시」라는 덫**을 만들었다. 이것은 야복경과와 비슷한 구조로 되어 있어서 도르래를 통과한 밧줄을 마룻바닥 밑에 깔아두고, 이 부분의 마루를 밟으면 밧줄이 당겨져서 밧줄 끝에 걸려있던 쇠뇌의 방아쇠를 당기는 구조의 덫이었다.

그리고 쇠뇌에서 발사된 화살이 도굴범을 꿰뚫는 것이다. 기노시 역시 야복경과와 마찬가지로 여러 개가 설치되었다고 한다.

기노시의 경우는 개별적으로 몇 개를 설치했다고 추측되지만, 야복경과는 1줄의 밧줄에서 분기된 여러 가닥의 밧줄이 쇠뇌에 묶였기 때문에 한 번 밧줄을 밟으면 일제히 화살을 발사했다.

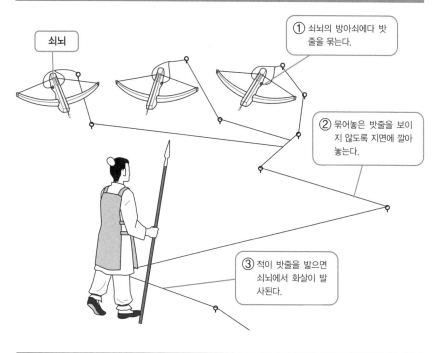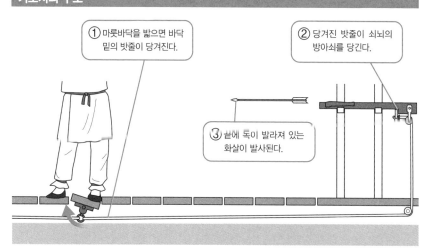

야복경과의 구조

쇠뇌

① 쇠뇌의 방아쇠에다 밧줄을 묶는다.

② 묶어놓은 밧줄을 보이지 않도록 지면에 깔아놓는다.

③ 적이 밧줄을 밟으면 쇠뇌에서 화살이 발사된다.

기노시의 구조

① 마룻바닥을 밟으면 바닥 밑의 밧줄이 당겨진다.

② 당겨진 밧줄이 쇠뇌의 방아쇠를 당긴다.

③ 끝에 독이 발라져 있는 화살이 발사된다.

관련항목
● 중국에서 개발된 대형 활 · 상자노→ No.050
● 암살 무기로 사용된 소형병기 · 탄궁→ No.053

전장에서 중요한 통신수단이었던 봉화

동서고금을 막론하고 확실하며 빠른 통신수단이 전쟁의 승패를 좌우했다. 직접적인 병력은 아니지만, 지휘 계통에 반드시 필요한 통신활동은 오래 전부터 중요하게 여겨졌다.

● 전장의 통신수단이란

전쟁에 있어서 중요한 것은 병력의 숫자나 병기의 숫자만이 아니었다. 멀리 떨어진 아군과의 의사 소통을 하기 위한 통신수단도 매우 중요했었다.

고대 시대의 통신 수단은 기마 습관이 전해지고 나서는 주로 **말을 사용한 파발**이었다. 그러나 파발마의 경우 거리가 길어지면 며칠씩 걸렸으며 잘못하다간 적에게 사로잡혀서 정보가 누출될 위험성이 있었다. 그래서 고안한 것이 **봉화**였다. 물건을 태워서 발생하는 연기로 정보를 전달하는 것이었다.

고대 그리스에서는 봉화와 물시계를 조합해서 정보를 전달했다. 신호의 중계지점마다 시간을 같게 맞춘 물시계를 놓고 봉화가 올라가는 것과 동시에 물시계의 물을 빼고, 다음 봉화가 올라가면 물을 막아서 그때의 수위와 신호표를 대조함으로써 어떤 정보를 보내왔는지를 파악했다.

그러나 이 방법의 경우, 예를 들어 「크레타인이 100명 도망쳤다」라는 정보를 전달하기 위해 173종류의 신호가 필요했다고 하며, 그로 인해 정보를 잘못 수신하는 경우도 많았다. 그래서, 파발은 무사히 도착하기만 하면 확실하게 정보를 전달할 수 있지만, 봉화의 경우에는 신호를 놓치는 것과 같은 인위적인 실수를 할 가능성이 있었다.

봉화는 고대 중국에서도 사용됐다. 중국에서는 기원전 3세기경 봉화를 올리는 시설인 **봉화대**가 실크로드에 설치되어 흉노족의 습격을 봉화로 중앙에 전달했다고 한다. 가마의 뚜껑을 여닫는 것으로 연기의 양을 조절했다. 이외에도 「**포봉**」이라는 사각형 판에 붉은색 천을 붙이고, 이것을 높이가 7m 정도 되는 깃대 끝에 걸어서 신호를 전달하는 방법도 있었다.

봉화의 장점과 단점

장점	단점
• 멀리 떨어져있는 아군에게 정보를 전달할 수 있다. • 파발보다 빠르다. • 정보가 새어나갈 가능성이 적다.	• 신호가 늘어나면 그만큼 잘못 수신받을 확률도 많아진다. • 신호를 놓치는 것과 같은 인위적인 실수가 일어날 수 있다.

고대 중국의 봉화대

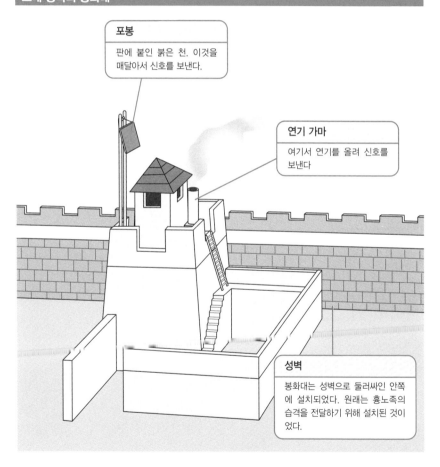

포봉
판에 붙인 붉은 천. 이것을 매달아서 신호를 보낸다.

연기 가마
여기서 연기를 올려 신호를 보낸다

성벽
봉화대는 성벽으로 둘러싸인 안쪽에 설치되었다. 원래는 흉노족의 습격을 전달하기 위해 설치된 것이었다.

관련항목

●기마전을 가능하게 만든 등자→ No.093

고대 일본에도 있었던 쇠뇌

고대 유럽 등에서 널리 사용되었던 쇠뇌는 중국에서 일본으로도 전해졌지만, 일본에서는 많이 사용되지 않았다. 그 이유는 고대 일본의 전투법과 맞지 않기 때문이다.

● 일본에서 쇠뇌는 어떻게 사용되었나

고대 세계에서 널리 사용된 쇠뇌가 일본에서 사용되었다는 기록은 잘 찾아볼 수 없다. 그러나 전혀 없었다는 것은 아니며,『일본서기』에는 쇠뇌의 대한 기록이 있고 야요이 시대 후기의 히메바라니시 유적(시마네 현)에서는 쇠뇌의 발사대처럼 보이는 것이 출토되었다. 쇠뇌는 3세기경에 중국에서 일본으로 건너왔다고 생각할 수 있다.

그러나 당시의 일본에는 서로의 도시를 침략하는 대규모의 전쟁은 없었으며, 또한 원거리전이나 조직적인 전쟁이라는 개념 역시 없었기 때문에, 주로 적과 근접전을 벌이는 경우가 많았다. 이 때문에 장전하는데 시간이 걸리는 쇠뇌는 일본에서 보급되지 않았다. 쇠뇌를 사용한 기록은 진신의 난(672년)과 후지와라노히로츠구의 난(740년)에서 찾아볼 수 있는 정도다. 이 2개의 전란에서도 쇠뇌가 어떠한 전술을 가지고, 효과적으로 사용되었는지에 대해서는 기록이 없다.

그 후 8세기에 율령제도를 바탕으로 군사제도가 정리될 무렵에 쇠뇌의 기록이 보이는데, 율령의 규정에서는 각 군단의 1대(50인편성) 별로 쇠뇌수를 2명 배치하게 되어 있다. 또한 쇠뇌를 만드는 교습이 이즈모노쿠니(현재의 시마네 현)에서 벌어졌다는 기록도 있다. 에조공격의 거점이 된 이지성 유적(8세기 중반 축성, 미야기 현)에서는 쇠뇌의 방아쇠 부분의 금속구 같은 것이 출토되었으며, 이로 보아 전쟁에서 사용되었다는 것을 추측할 수 있다. 아쉽게도 일본에서 쇠뇌의 전체상을 볼 수 있는 출토품은 없으며 그림 등에도 남아있지 않다. 하지만 중국에서 전해진 것은 확실하며 중국의 쇠뇌와 거의 같은 형태였다고 추측된다.

헤이안 시대가 되면 회전식 쇠뇌가 제조되는 등 쇠뇌는 일본에서 독자적인 진화를 보이지만, 그 이후의 일본의 전장에서 쇠뇌는 사용되지 않았다. 그것은 일본의 무사들이 자신의 이름을 대고 칼을 휘두르는 기질이 있었기 때문에 쇠뇌는 일본인의 전투개념에 맞지 않는 것이었다.

일본의 쇠뇌

외관

전체상을 볼 수 있는 출토품은
없으나 중국 대륙의 것과 같았
을 것으로 추측하고 있다.

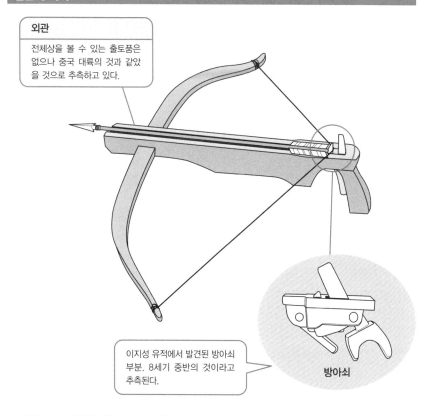

이지성 유적에서 발견된 방아쇠
부분. 8세기 중반의 것이라고
추측된다.

방아쇠

일본의 쇠뇌의 역사

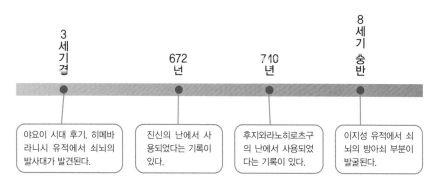

3세기경	672년	710년	8세기 중반
야요이 시대 후기. 히메바라니시 유적에서 쇠뇌의 발사대가 발견된다.	진신의 난에서 사용되었다는 기록이 있다.	후지와라노히로츠구의 난에서 사용되었다는 기록이 있다.	이지성 유적에서 쇠뇌의 방아쇠 부분이 발굴된다.

관련항목

● 중국에서 개발된 대형 활 · 상자노→ No.050

일본의 투석기 · 이시하지키

섬나라이기 때문에 외적과 싸울 기회가 없었던 일본에서는, 투석기와 같은 대형병기가 발전할 여지가 없었다. 그러나 아스카 시대에, 투석기가 중국에서 전해져서 「이시하지키」라는 이름으로 사용되었다.

● 일본식 투석기 · 이시하지키

유럽 대륙이나 고대 중국에서 발전한 투석기 종류는 쇠뇌와 마찬가지로 고대 일본에서는 그 흔적을 거의 찾아볼 수 없다. 국가와 국가간의 대규모 전쟁이 없었던 당시의 일본에는 그다지 필요가 없었을 것이다.

고대 일본에서 투석기는 「이시하지키」라는 병기를 들 수 있다. 『일본서기』에서는 618년에 고구려의 사자가 「수의 양제가 30만의 병력을 이끌고 우리를 침공했지만, 우리가 수양제를 격파했다.(중략) 고취와 쇠뇌, 이시하지키 등 10종류의 물건…」이라 하며 스이코 천황에게 전달했다고 나와있다.

이시하지키는 「기계를 만들어서 돌을 던져 적을 치는」(『료노기게』—율령해설서) 도구라고 나와있다. 이것이 대륙에서 사용되었던 투석기와 같은 것인지는 알 수 없지만, 『와묘쇼(헤이안 시대 중기에 만들어진 사전)』(10세기)에는 이시하지키를 「큰 나무를 세우고 돌을 놓은 다음 기계를 이용해 발사해서 적에게 돌을 날린다」라고 설명되어 있기 때문에 중국의 투석기만큼 크지는 않지만, 형태에 있어서 그렇게까지 차이가 나지는 않을 것이라고 추측된다.

실제로 이시하지키가 전장에서 사용된 흔적은 남아있지 않지만, 진신의 난 이후인 685년에 텐무 천황이 키가이 지역(수도와 멀리 떨어진 지역)에 발포한 조칙에는 「하라(전장에서 사용한 큰 뿔피리), 쿠다(전장에서 사용한 관 형태의 작은 피리), 고취, 번기와 함께 쇠뇌와 이시하지키 류를 사적으로 집에 놓는 것을 금지한다」라고 나와있는 걸로 보아, 중앙 이외에 각지에서는 쇠뇌와 이시하지키와 같은 병기를 상비했었다는 것을 알 수 있다. 또한 율령제도를 바탕으로 중앙의 위문부와 좌우위사부에 소속된 위사들에 대해서는, 이시하지키 훈련이 의무적으로 시행되었다. 중앙에 소속하지 않은 에조(현재의 동북지방)와 하야토(현재의 큐슈지방 남부)에서는 지책이라고 불리는 방어시설을 만들었던 곳이 있는데, 이는 이시하지키에 대한 대비였다.

쇠뇌와 마찬가지로 이시하지키의 형태도 그림도 남아있지 않으며, 중세에 들어서도 기록을 찾아볼 수가 없다. 일본에 있어서 이시하지키는 환상 속의 병기인 것이다.

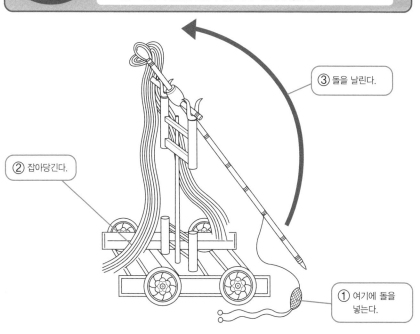

이시하지키의 특징

특징

- 실물이나 그림이 남아있지 않기 때문에 상세한 사항을 알 수 없다.
- 대규모 전투가 없었던 일본에서는 거의 보급되지 않았다.

③ 돌을 날린다.

② 잡아당긴다.

① 여기에 돌을 넣는다.

이시하지키의 역사

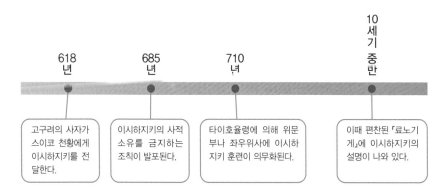

618년
고구려의 사자가 스이코 천황에게 이시하지키를 전달한다.

685년
이시하지키의 사적 소유를 금지하는 조칙이 발포된다.

710년
타이호율령에 의해 위문부나 좌우위사에 이시하지키 훈련이 의무화된다.

10세기 중반
이때 편찬된 『료노기게』에 이시하지키의 설명이 나와 있다.

관련항목

- 거대한 투석기 캐터펄트의 등장→ No.013
- 중국식 거대 투석기 · 발석차→ No.067

고대 일본의 배

섬나라 일본에 있어서 배는 친숙한 존재였으며, 오래 전부터 건조되어 왔다. 그러나 외적과의 접촉이 적었던 고대 일본에서, 군용으로서의 배는 그다지 발전하지 않았다.

● 고대 일본이 사용했던 배

일본은 바다에 둘러싸인 섬나라이기 때문에 외적과의 전란은 적었다. 따라서 배는 건조되었지만, 대부분은 상선이나 어업용 배였으며 고대 지중해 세계에서 볼 수 있는 갤리선과 같은 군 함선은 거의 존재하지 않았다.

고대 일본의 배는 『일본서기』의 신화 부분에도 등장하지만, 그 존재가 확실히 확인되는 것은 야요이 시대에 들어와서부터다. 뱃머리 부분이 새 부리처럼 튀어나온 배모양의 하니와(토기의 일종)가 출토되었는데, 이는 충각과 같은 역할을 했다고 추측되지만 양산은 어려웠던 것 같다. 야요이 시대 후기가 되자 여러 개의 재목을 못으로 연결한 복재식선이 등장한다. 노가 좌우에 각각 17개가 달려 있고 돛대도 있는 배가 그려진 토기가 출토되었으며, 이를 보건대 꽤나 대형화되었다는 것을 알 수 있다. 고훈(고분) 시대가 되면 양쪽 뱃머리가 위로 올라온 곤돌라 형태의 배가 많아지고, 더욱 큰 배가 건조되었다. 그러나 이 역시 양산되지는 않아서 해전용 배로는 사용되지 않았다. 실제로 일본의 최초 대외전이라고 할 수 있는 하쿠스키노에 전투(백강 전투)에서 사용된 배는 통나무 속을 파내서 만든 통나무배가 주종이었으며, 해전에서의 전투법 역시 통나무배로 적선에 접근해서 백병전을 벌이는 원시적인 형태였다.

이에 맞서는 당이 보낸 함선은 몽충과 같은 군선이었기 때문에, 이 시점에서 일본의 함선 기술은 꽤나 뒤쳐져 있었던 것이다. 하쿠스키노에의 패전으로 망명해온 백제인에 의해 건조기술이 전해졌다고 한다. 이후 하쿠스키노에의 패전 이후에 만들어진 백제식 배는 견당사선으로 사용되었다. 견당사선은 100명 이상이 탈 수 있을 정도의 거대한 배였으나 역시 전투용으로서의 기능은 갖추고 있지 않았다.

단, 고대 일본의 배는 전체가 출토되는 일이 적어서, 그림이나 서적을 참고로 추측을 해야 하기 때문에, 아직 고대 일본 함선의 전모가 확실하지 않은 것 역시 사실이다.

고대 일본 함선의 변화

[야요이 시대 후기]

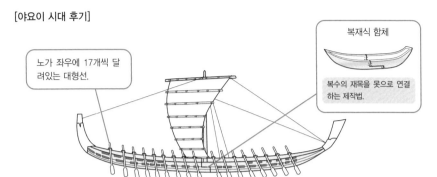

노가 좌우에 17개씩 달려있는 대형선.

복재식 함체

복수의 재목을 못으로 연결하는 제작법.

[고훈(고분) 시대]

양쪽 뱃머리가 곤돌라처럼 위로 올라갔다.

크기가 더욱 커졌지만, 양산은 불가능했다.

[아스카~나라 시대]

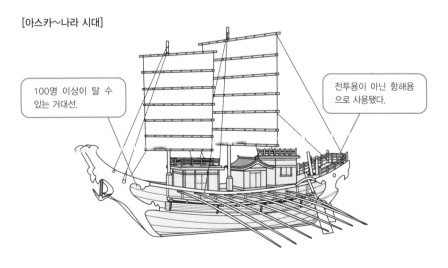

100명 이상이 탈 수 있는 거대선.

전투용이 아닌 항해용으로 사용됐다.

사람들을 괴롭힌 고대의 「고문도구」

아페카상, 페릴루스의 소, 거대 돌절구, 랙…등, 고대의 위정자들은 반란을 일으킨 자나 포로를 고문하기 위해 여러 가지 고문기구를 개발했다. 병기는 아니지만, 이러한 고문기구를 소개하고자 한다.

● 반란자, 저항세력을 괴롭힌 병기

전장에 투입된 것 이외에도 인류는 병기를 고안하고 실용화했다. 이러한 병기 중 정점을 보여주는 것이 바로 고문기구다. 고문은 중세에서 근대에 걸쳐서 번성했다고 하지만, 물론 고대의 기록에도 남아있으며 끔찍한 형상을 한 고문기구 또한 많이 만들어졌다.

고대 그리스의 스파르타에서 사용된 고문기구가 **「아페카상」**이다. 폭군 나비스가 저항세력을 굴복시키기 위해서 만든 것으로 아페카란, 나비스의 부인 이름이다.

아페카상은 사람이 1명 들어갈 수 있을 정도의 관 형태의 여인상으로, 문 안쪽에는 뾰족하면서 날카로운 철침이 박혀있다. 이 관 안에 희생자를 가둬두고 문을 닫으면 철침이 희생자의 몸을 꿰뚫는 구조로 되어 있다.

또한 기원전 6세기 시칠리아에서 만들어진 **「페릴루스의 소」**라는 고문기구는 불로 태워죽이는 고문에 사용했다. 황동으로 만든 황소상의 동체부분은, 사람이 1명 들어갈 수 있을 정도의 공간이 있었으며, 여기에 희생자를 집어넣고 소의 배 아래에서 불을 떼는 것이다.

시칠리아의 왕 팔라리스는 페릴루스의 소를 즐겨 사용했다고 하며, 다수의 희생자를 냈다고 한다. 그러나 팔라리스의 폭정으로 반란군이 결성되고 반란군에 잡힌 팔라리스 본인이 페릴루스의 소의 마지막 희생자가 되고 난 후에는 사용되는 일이 없었다고 한다.

이외에도 중국 남북조 말기(6세기 중반)에 나타난 후경은, 거대한 돌절구를 만들고 여기에 죄인을 던져 넣어 빻았다고 한다. 그리고 고대 그리스의 프로테크스는 철로 만든 고문대(랙)를 만들어서 죄인의 사지를 찢었다고 한다.

아페카상의 형태

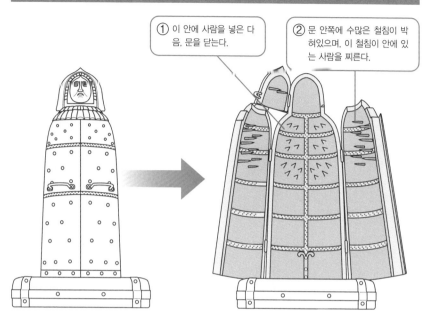

① 이 안에 사람을 넣은 다음, 문을 닫는다.

② 문 안쪽에 수많은 철침이 박혀있으며, 이 철침이 안에 있는 사람을 찌른다.

페릴루스의 소의 형태

① 황동으로 만들어졌으며, 소의 형태를 하고 있다.

② 동체부분에 문이 있으며, 안쪽에 사람을 넣는다.

③ 소의 배 밑에서 불을 떼서 소의 조각상을 뜨겁게 달군다.

중요 단어와 관련용어

〈가〉

■ 가나안의 전차

가나안인이 전차를 발명했다는 설이 있을 정도로 가나안인과 전차의 관계는 깊다. 가나안인들이 사용한 전차는 가볍고 속도가 빨랐다고 한다. 이집트에 전차가 전해진 것도 가나안인과의 전투를 통해서였다고 추측된다.

■ 가우가멜라 전투

기원전 331년 알렉산드로스 대왕의 동방원정 때 일어난 전투. 마케도니아와 페르시아 사이의 전쟁으로 페르시아는 10만 이상의 병력을 갖췄으며, 이에 맞서는 마케도니아군 역시 4만7천이라는 병력으로 대치했다고 한다. 페르시아군에는 기병대와 보병대 이외에도 전차대 4개대대가 있었으며 총 200대에 달하는 전차가 배치되었다. 그러나 결과는 마케도니아군의 완승으로 끝났으며 결국에 페르시아는 알렉산드로스 대왕에게 완전히 장악당하고 만다.

■ 그리스의 암흑시대

미케네 문명이 붕괴한 후의 그리스는, 기원전 800년경부터 이전의 문명이 소실되어 문자도 없어졌기 때문에 기록이 거의 남아있지 않는 시대가 되고 말았다. 그 사이에 그리스의 인접국이었던 페르시아와 아시리아에서는 군사기술의 발전이 이뤄져서 조직적인 군대가 창설되었지만, 그리스에서는 이와 반대로 1대1로 결투를 하는 원시적인 형태의 전쟁으로 퇴보하고 있었다. 기원전 5세기경 피로스의 전쟁에서 진 스파르타 병사가 페르시아의 캐터펄트를 보고 경멸했다는 기록이 있을 정도로 고대 그리스의 군사제도는 뒤처져있었다. 해상에서는 페르시아인에게 지지 않을 정도의 힘을 가지고 있었음에도 불구하고 육상전에서는 마케도니아의 필리포스왕이 등장할 때까지 이러한 차이를 좁히지 못했다고 한다. 예를 들어 고대 그리스에서는 전장에서 야영지를 만드는 일도 없었다고 한다.

■ 극

모와 과를 합체시켜서 만든 전투용 창. 찌르면 모 부분이 상대방을 찌르고 때리면 과 부분이 상대방을 찌르는 구조다. 춘추전국시대부터 등장해서 삼국시대까지 사용됐다.

〈다〉

■ 다윗

고대 이스라엘의 왕. 이스라엘 전쟁에 전차를 도입한 인물로 알려져 있다(다윗의 전 왕인 사울이라는 설도 있다). 다윗의 시대에 이스라엘에는 대규모 정규군이 창설되었다.

■ 드보라의 노래

성서 『사사기』제5장에 적혀있는 노래. 이스라엘군과 가나안군과의 싸움을 이야기한 것으로, 가나안군은 말이 이끄는 전차대를 조종한 것이 기록되어 있다. 이스라엘군은 가나안군의 전차대가 홍수가 일어났던 강의 진창에 빠진 틈을 노려서 기습을 했다고 한다.

〈라〉

■ 라가시와 움마의 전투

기원전 2525년경에 발발한 도시국가간의 전쟁. 라가시의 왕은 전차에 타고 도끼를 손에 들고있다. 한편 수메르계의 움마는 대부분이 보병으로 이뤄졌기 때문에 주요 전투부대는 보병이었다는 것을 알 수 있다.

〈마〉

■ 메기도 전투

기원전 1458년에 일어난 고대 이집트와 메기도(현재의 팔레스타인 지방에서 생긴 도시)와의 전투. 카데시 전투(기원전 1285년)와 함께 청동기시대를 대표하는 전쟁이다.

■ 묵자

기원전 5세기경 중국의 사상가 묵자의 사상을 그의 제자가 정리했다는 책. 5부 구성으로 그중에 제5부에는 성을 지키기 위한 기술이나 축성기술에 대한 언급이 나와있다. 포만이나 연정, 자거와 같은 병기가 등장한다.

■ 미케네 문명

기원전 15세기 중반 그리스 본토에서 일어난 문명. 뮈케나이 문명이라고도 한다. 청동기시대의 대표적인 문명으로, 조직된 군대를 보유하고 있었다고 여겨진다. 티린스에서 발견된 프레스코 벽화는 미케네 문명 시대의 전차가 그려져 있는데, 이 전차는 중장비인 히타이트의 전차보다는 경장비인 이집트의 전차에 가까웠다. 기원전 12세기 중반에 미케네 문명은 붕괴되고, 그 후 그리스는 「암흑시대」라고 불리는 시대에 들어가면서, 미케네 문명 당시의 군사제도도 전부 소실되고 문자를 쓰는 기술조차 없어졌다고 한다.

〈바〉

■ 바다의 민족

기원전 1200년경부터 동지중해 연안의 나라들을 습격함으로써, 히타이트나 미탄니 왕국의 쇠퇴의 원인이 되었던 민족. 그들의 기원은 여전히 수수께끼에 싸여있으며 필리스타아인으로 구성된 부족연합이나 그리스 지방에서 쫓겨난 그리스계 민족, 혹은 크레타 문명의 생존자라는 등의 설이 있다. 바다의 민족은 고대 이집트와의 항전에서 람세스 3세의 전차대에 패배하고 해상에서는 이집트의 군 함선에 패배했다. 그러나 그 후 바다의 민족은 팔레스타나와 가나안에 정착했다고 하며 결국에는 역사에서 모습을 감췄다.

〈사〉

■ 손무

중국왕조 오의 왕 합려(재위 기원전 515년~기원전 496년)의 밑에서 일한 병가. 유명한 병법서인 『손자』의 저자로 유명하지만, 경력을 비롯한 많은 부분이 아직까지 불명확하다.

■ 수메르

세계에서 초기의 부류에 들어가는 문명을 만들어 낸 도시국가. 무기나 병기의 발전에 기여한 문명으로 알려져 있다. 고도의 훈련을 받은 부대를 조직적으로 사용한데다 직업병사라는 존재를 만들어냈다. 수메르의 군사기술이나 전술은 결국 국경을 넘어 널리 전파된다.

■ 슈루파크의 명판

메소포타미아 최대의 곡물저장고가 있었다고 추측되는 슈루파크에 대해서 새겨진 점토판. 기원전 2350년경에 일어난 화재의 영향으로 점토판이 구워졌기 때문에 거의 원형이 보존되어 있다고 밝혀지나. 여기에는 수메르 문명에 대한 기록도 있었는데, 당시 수메르의 인구는 3만~3만5천이었다고 한다.

■ 스파르타

기원전 1000년경에 세워진 고대 그리스의 도시. 중장보병의 밀집대형을 가장 먼저 고대 그리스에 도입했다. 그래서 스파르타에서는 철저하게 병사들을 훈련시켰으며 성인남자는 빠짐없이 상업이나 농업에 종사하는 것을 금지시키고 30세가 될 때까지 병영에서 생활해야만 했다. 기원전 300년대에는 캐터펄트를 도입하는 등 군사력을 대폭 증강시켜서 스파르타는 결국 그리스의 맹주가 된다.

■ 신유대의 전차

신유대의 헤브라이인은 가나안에 도착할 때까지 전차를 사용하지 않았었다. 오히려 전차를 가지는 것을 거부하고 전쟁에서 약탈한 전차는 불태웠다고 한다. 그러나 가나안에 정착해서 신유대를 창설하자 가나안식 전차를 사용하게 됐다.

〈아〉

■ 아리아노스

2세기 고대 로마의 역사가로서 『알렉산드로스 원정기』의 저자로 알려져 있다. 이 책에서 알렉산드로스 대왕이 강을 건너서 후퇴를 할 때 캐터펄트와 같은 투석병기를 사용해서 후방을 방어하였으며, 긴 비거리를 이용해 적에게 닿는 것은 무엇이든 발사하라고 명령을 했다는 기록이 나온다. 이를 보면 당시의 마케도니아에는 투석병기가 일반적으로 배치되어 있었다는 것을 알 수 있다.

■ 아시리아

메소포타미아 지방에 번성했던 국가로 원래는 바빌로니아와 미탄니의 종속국이었지만, 기원전 1350년경부터 강대해졌다. 기원전 1114년에 즉위한 티글라트 필레세르 1세의 시대에 세력을 확대했으나 일시적으로 쇠퇴한다. 그 후 기원전 900년경에 다시 세력을 확대하면서 고대 중동 세계의 대부분을 세력권에 두는 대제국이 되었다.

■ 아카드

메소포타미아 지방 남부에 번성했던 제국. 기원전 2300년경에 사르곤왕이 수메르를 정복하고 통일 메소포타미아를 지배했다. 새로운 병기로서 복합궁을 도입하고, 이후 팔랑크스로 연결되는 밀집진형을 고안하는 등 군사기술의 발전에 크게 기여했다.

■ 아티카 요새

고대 그리스의 도시. 아테나이가 기원전 4세기 북부의 국경에 건설한 요새. 경장비 부대를 배치하는 것과 동시에 비상(飛翔) 병기의 사용을 중점적으로 고려해서 지어졌다. 캐터펄트 등의 투석병기를 사용할 수 있도록 틈새나 창문을 만들어 놓았다고 한다.

■ 알렉산드로스 대왕

기원전 4세기 후반의 마케도니아의 왕. 그리스 본토뿐만 아니라 인도나 페르시아 방면까지 영토에 포함하는 대제국을 건설했다. 「토션 스프링」의 이용 등 병기 역사에도 크나 큰 영향을 끼쳤다. 기원전 334년의 할리카르나소스 전투, 기원전 332년의 티로스 포위전에서는 상대편 군대뿐만 아니라 알렉산드로스 군 역시 캐터펄트를 사용했다.

■ 알바레스트

13세기의 이탈리아에서 사용된 쇠뇌를 가리키는 말. 라틴어로 「활+대형투석기」를 의미하는 말이 어원이며, 쇠뇌를 「석궁」이라 부르는 근거 중 하나이다.

■ 예리고

신석기시대(기원전 8000년경)의 가장 오래된 도시. 대규모 성벽과 탑이 있으며, 활과 투석기와 같은 장거리 병기에 의한 공격에서 도시를 보호하기 위한 보루도 갖춰져 있었던 것으로 추측된다.

■ 오기

병법서 『오자』의 저자로서 전국시대 전기를 대표하는 병가(전쟁을 승리로 이끌기 위해 조언을 하는 참모). 노, 위, 초에서 활약하였으며, 그가 관여한 전쟁에서는 무승부를 포함해서 64전 무패라는 전설적인 기록을 남겼다고 한다.

■ 용병

보수를 받고 병역에 복무하는 직업군인. 고대 세

계에서 전투의 주역을 담당하는 것은 용병인 경우가 많았는데 그들은 궁병이나 투석병으로 활약했다.

■ 융우

차우와 같은 의미로서, 전차의 오른쪽에 탑승해서 주전력으로 활약하는 병사를 가리키는 말이다. 극과 같은 창무기와 방패를 들고 상대편과 스쳐 지나갈 때 상대방의 전차와 전투를 벌인다.

■ 은

고고학적으로 실증된, 중국에서 가장 오래된 왕조. 기원전 17세기에 세워져서 기원전 11세기까지 계속되었다고 한다(이에 대해서는 여러 설이 있다).

■ 이소스 전투

기원전 333년 알렉산드로스 대왕이 이끄는 마케도니아군과 페르시아군 사이에 일어난 전투. 마케도니아군의 맹공격에 페르시아군은 고전했으며, 전차에 타고 전장에서 지휘를 하던 페르시아의 왕 다레이오스는 무기를 버리고 전차에 탄 채로 도주했다. 전투에서 승리한 마케도니아군은 페르시아군이 버리고 간 전차나 활과 같은 많은 병기를 손에 넣을 수 있었다.

■ 일리아스

고대 그리스의 호메로스가 집필한, 전쟁을 묘사한 서사시. 여기에 묘사된 전쟁은 트로이아 전쟁이며 미케네 전차 부대에 관한 기술도 찾아볼 수 있다.

〈차〉

■ 차탈회윅

기원전 7000년경의 아나토리아(현재의 소아시아)의 유적. 고대의 주요 장거리병기인 투석기의 일부가 발견되었다. 아나토리아의 다른 유적에서는 투석기에 사용되었다고 추측되는 둥근 돌이 대량으로 출토됐다.

■ 청동기시대

금속의 채굴과 제련으로 인해 구리를 사용하게 된 시대로서, 기원전 3000년경의 아나토리아 방면에서 시작되었다고 한다. 병기에도 금속을 사용함으로써 화살에서는 금속제 화살촉이 개발되었다. 또한 바퀴에도 금속이 사용되어 전차가 큰 발전을 이루는 등 이 시대의 병기는 크게 발전을 거듭했다. 그러나 동을 청동으로 바꾸기 위해서는 당시에 희소했던 주석이 필요했기 때문에 대량생산이 어려웠다.

〈카〉

■ 코린토스 전쟁

기원전 395년에 발발한 스파르타와 그리스 도시동맹군 사이의 전쟁. 전쟁의 초전에서 동맹군 측은 기병 600, 궁병 200, 투석병 400, 보병 16000의 병력으로 스파르타와 대치했으나 결국 스파르타가 이를 물리치고 승리했다.

〈파〉

■ 페르시아인

아시리아가 약해진 후 페르시아계 메디아인이 바빌로니아와 함께 메소포타미아의 패권을 장악했다. 기원전 5세기경에는 아케메네스 왕조 페르시아가 지배권을 차지하고 대제국을 건설했다. 전장을 육상뿐만 아니라 해상으로 넓힌 것이 바로 페르시아인이다. 3단노선을 전술의 하나로 도입하고 세계에서 최초로 대규모의 해군을 조직한 것은 해양민족이 아닌 페르시아인이었다.

■ 포러스 왕

알렉산드로스 대왕과 싸운 인도의 왕. 신장이 2m가 넘는 장신이었다고 한다. 보병 30000, 기병4000, 전차 300대, 전투 코끼리 200두라는 대규모의 군대를 이끌고 알렉산드로스 대왕의 군대와 대치했다.

그러나 알렉산드로스 대왕군의 기습공격에 의해 혼란상태에 빠진 포러스 왕군은 첫 전투에서 패배하고 도망쳤으며 120대의 전차를 알렉산드로스 대왕에게 뺏기고 만다. 거기다 알렉산드로스 군은 궁병이나 투석병에 의한 장거리 병기를 내세워서 공격을 했기 때문에 포러스 왕의 전투 코끼리부대도 혼란에 빠져서 상당수의 아군 병사를 밟아서 죽였다고 한다.

■ 필리스티아인

기원전 13세기경 고대 가나안 지방 남부에 찾아온 것으로 여겨지는 민족. 당시의 이스라엘 각 부족의 주요 적으로 성서에도 등장한다.

■ 필리포스 2세

마케도니아의 왕으로 알렉산드로스 대왕의 아버지(재위 : 기원전 359년~기원전 336년). 마케도니아의 군사제도를 확립하고, 기병부대에서 중장보병부대로 변경하여 팔랑크스라는 밀집대형을 창설했다.

〈하〉

■ 헤로도토스

기원전 5세기 그리스의 역사가로 세계에서 가장 오래된 역사서인 『역사』를 저술했다. 『역사』에는 당시의 전쟁에 관한 기술도 있는데, 헤로도토스에 의하면 기원전 6세기의 이집트에는 3단노선이 운하를 통행했다고 나와있다. 또한 고대 그리스와 아케메네스 왕조 페르시아와의 전쟁에 대한 상세한 기록이 남아 있다.

■ 헤타이로이

필리포스 2세 시대의 마케도니아에서 창설된 선발 기병대를 가리킨다. 헤타이로이란 「왕의 친구」라는 의미로, 승마 기술이 뛰어난 귀족들로 선발했다. 헤타이로이 제도는 후대인 알렉산드로스 대왕의 시대에도 이어져서, 기원전 334년 마케도니아군에 있었던 헤타이로이 기병대는 14대대(각 부대 약200명) 정

도로 편성되었다고 한다.

■ 후르리인

현재의 시리아를 중심으로 기원전 1500년경부터 번성한 미탄니 왕국을 건설했다. 전쟁에 전차를 도입한 것은 히타이트인이지만, 후르리인 역시 전쟁에 전차를 도입한 공로자였다. 또한 메소포타미아 지방에 말을 가지고 온 것 역시 후르리인이라는 설도 있다. 미탄니 왕국은 기원전 14세기경 수도를 히타이트에게 점령당하면서 쇠퇴하기 시작했다.

■ 흉노

기원전 5세기경 현재의 몽골지방에 살았던 민족, 또는 그들이 세웠던 국가. 춘추전국시대 이후 때때로 중국왕조와 대립하며, 그 후에 내분을 겪으면서도 삼국시대까지 존재했었다. 중국의 역대왕조는 흉노와의 대립을 통해서 여러 가지 병기나 방어전법을 만들어냈다.

색인

〈자〉

〈차〉

참고문헌

『무기와 방어구 서양편』市川定春 新紀元社

『무기와 방어구 중국편』篠田耕一 新紀元社

『무기사전』市川定春 新紀元社

『무기가게』Truth In Fantasy編集部 新紀元社

『도해 격투 로마전기』学習研究社

『고대 로마 군단 백과』エイドリアン・ゴールズワーシー著、池田太郎・古畑正富訳 東洋書林

『카르타고 전쟁』テレンス・ワイズ著、桑原透訳 新紀元社

『진시황제』学習研究社

『삼국지 상하』学習研究社

『군웅삼국지』学習研究社

『항우와 유방』学習研究社

『전략전술 병기 사전』学習研究社

『중국의 전통무기』伯仲編著、中川友訳 マール社

『세계 전쟁 사전』ジョージ　C．コーン著、鈴木主税訳 河出書房新社

『세계의 대발견・발명・탐색 총 해설』自由国民社

『전쟁의 기원』アーサー・フェリル著、鈴木主税・石原正毅訳 河出書房新社

『비상병기 인류사』アルフレッド　W．クロスビー著、小沢千重子訳 紀伊國屋書店

『전투기술의 역사 고대편』創元社

『고대의 무기・방어구・전술백과』マーティン　J．ドアティ著、野下祥子訳 原書房

『일본 고대문화의 탐구 전투』大林太良 社会思想社

『일본 고대문화의 탐구 배』大林太良 社会思想社

『물건과 인간의 문화사 배』須藤利一編 法政大学出版局

『「결전」의 세계사』ジェフリー・リーガン著、森本哲郎監修 原書房

『이슬람 기술의 역사』平凡社

『기술의 역사』R・J・フォーブス著、田中実 岩波書店

『병기와 전술의 세계사』金子常規 原書房

『스파르타쿠스의 봉기』土井正興 青木書店

『사람은 왜 싸우는가』松木武彦 講談社

『카르타고 흥망사』松谷健二 白水社

『도감・병법백과』大橋武夫 マネジメント社

『병기고 고대편』有坂鉊蔵 雄山閣

『무기』ダイヤグラムグループ編 マール社

『배의 역사 사전』アティリオ・クカーリ、エンツォ・アンジェルッチ著、堀元美訳 原書房

『세계의 전사』新人物往来社

『병기와 문명』メアリー・カルドー著、芝生瑞輪・柴田郁子訳 技術と人間

『세계전사 99가지 수수께끼』木村尚三郎　産報

『고문과 처형의 세계사』双葉社

AK Trivia Book No. 18

도해 고대병기

개정판 1쇄 인쇄 2022년 1월 25일
개정판 1쇄 발행 2022년 1월 30일

저자 : 미즈노 히로키
번역 : 이재경

펴낸이 : 이동섭
편집 : 이민규, 탁승규
디자인 : 조세연, 김현승, 김형주
영업·마케팅 : 송정환, 조정훈
e-BOOK : 홍인표, 서찬웅, 최정수, 김은혜, 이홍비, 김영은
관리 : 이윤미

㈜에이케이커뮤니케이션즈
등록 1996년 7월 9일(제302-1996-00026호)
주소 : 04002 서울 마포구 동교로 17안길 28, 2층
TEL : 02-702-7963~5 FAX : 02-702-7988
http://www.amusementkorea.co.kr

ISBN 979-11-274-5053-3 03390

図解 古代兵器
"ZUKAI KODAI HEIKI" written by Hiroki Mizuno
Copyright © Hiroki Mizuno 2012 All rights reserved.
Cover illustration by Atsushi Yokoi 2012
Illustrations by Takako Fukuchi 2012
Originally published in Japan by Shinkigensha Co Ltd, Tokyo.
This Korean edition published by arrangement with Shinkigensha Co Ltd,
Tokyo in care of Tuttle-Mori Agency, Inc., Tokyo